P. Croser · F. Ebel

Pneumatik

FESTO

Springer

Berlin
Heidelberg
New York
Hongkong
London
Mailand
Paris
Tokio

P. Croser · F. Ebel

Pneumatik

Grundstufe

Zweite Auflage, korrigierter Nachdruck

 Springer

Festo Didactic GmbH & Co
Rechbergstraße 3
73770 Denkendorf

Bibliografische Information der Deutschen Bibliothek
Die Deutsche Bibliothek verzeichnet diese Publikation in der Deutschen Nationalbibliografie;
detaillierte bibliografische Daten sind im Internet über <http://dnb.ddb.de> abrufbar.

ISBN 3-540-00022-4   2. Aufl. Springer-Verlag Berlin Heidelberg New York

Springer-Verlag Berlin Heidelberg NewYork
einUnternehmen der BertelsmannSpringer Science + Business Media GmbH

http://www.springer.de

Einband-Entwurf: Struve & Partner, Heidelberg
Satz: Digitale Druckvorlage der Autoren
Gedruckt auf säurefreiem Papier   SPIN: 10896341   68 /3020Rw - 5 4 3 2 1 0

Teil A: Kurs

4

Inhalt

Teil B: Grundlagen

Teil C: Lösungen

Hinweise zur Konzeption des Buches

Der vorliegende Band ist Bestandteil des Lernsystems Automatisierung und Technik der Firma Festo Didactic GmbH & Co. Das Buch unterstützt den Unterricht in Seminaren und ist geeignet für ein Selbststudium.

Das Buch ist gegliedert in :

einen Kursteil A,
einen Grundlagenteil B,
einen Lösungsteil C.

Teil A Kurs

Der Kurs gibt die notwendigen Informationen zum Thema anhand von Beispielen und Übungen. Er sollte schrittweise durchgearbeitet werden. Weiterführende Inhalte sind durch Verweise auf den Grundlagenteil gekennzeichnet.

Teil B Grundlagen

Dieser Teil enthält vertiefende Informationen. Hier findet der Leser die Themen sachlogisch geordnet. Man kann diesen Teil Kapitelweise durcharbeiten oder zum Nachschlagen benutzen.

Teil C Lösungen

Die Lösungen zu den Aufgaben des Kursteils sind in diesem Teil zusammengestellt.

Am Schluss des Buches befindet sich ein ausführliches Stichwortverzeichnis.

Die Konzeption unterstützt die Ausbildung in Schlüsselqualifikationen in den neugeordneten Metall- und Elektroberufen. Besonderer Wert ist auf die Möglichkeit der selbständigen Erarbeitung des Themas im Kursteil gelegt.

Das Buch kann in ein bestehendes Leittextsystem eingegliedert werden.

Teil A

Kurs

10

Kapitel 1

Anwendungen in der Pneumatik

1.1 Überblick

Die Pneumatik als Technologie spielt bereits seit langem eine wichtige Rolle bei der Verrichtung mechanischer Arbeit. Sie wird bei der Entwicklung von Automatisierungslösungen eingesetzt.

Die Pneumatik kommt dabei für die Ausführung der folgenden Funktionen zum Einsatz:

- Erfassen von Zuständen durch Eingabeelemente (Sensoren)

- Informationsverarbeitung mit Verarbeitungselementen (Prozessoren)

- Schalten von Arbeitselementen durch Stellelemente

- Verrichten von Arbeit mit Arbeitselementen (Aktoren)

Zur Steuerung von Maschinen und Anlagen ist der Aufbau einer meist komplexen logischen Verkettung von Zuständen und Schaltbedingungen notwendig. Dies geschieht durch das Zusammenwirken von Sensoren, Prozessoren, Stellelementen und Aktoren in pneumatischen oder teilpneumatischen Systemen.

Der technologische Fortschritt bei Material, Konstruktions- und Produktionsverfahren hat die Qualität und Vielfalt der pneumatischen Bauelemente zusätzlich verbessert und somit zu einem verbreiteten Einsatz in der Automatisierungstechnik beigetragen.

Der Pneumatikzylinder kommt nicht zuletzt deshalb häufig als linearer Antrieb zum Einsatz, weil er

- relativ preisgünstig,

- leicht zu installieren,

- von einfacher und robuster Bauweise und

- in den verschiedensten Größen erhältlich ist.

Die folgende Liste gibt einen allgemeinen Überblick über charakteristische Kenndaten von Pneumatikzylindern:

- Durchmesser   2,5 bis 320 mm

- Hublänge   1 bis 2000 mm

- Kraft   2 bis 45.000 N bei 6 bar

- Kolbengeschwindigkeit   0,1 bis 1,5 m/s

Bild 1.1:
Einfachwirkender Zylinder

Folgende Bewegungsarten sind mit pneumatischen Arbeitselementen realisierbar:

- Geradlinige Bewegung (Linearbewegung)

- Schwenkbewegung

- Drehbewegung (Rotation)

Einige Anwendungsgebiete, in denen Pneumatik eingesetzt wird, sind nachfolgend aufgeführt:

- allgemein in der Handhabungstechnik:
  - Spannen von Werkstücken
  - Verschieben von Werkstücken
  - Positionieren von Werkstücken
  - Orientieren von Werkstücken
  - Verzweigen eines Materialflusses

- allgemeiner Einsatz in verschiedenen Fachgebieten
  - Verpacken
  - Befüllen
  - Dosieren
  - Verriegeln
  - Antrieb von Achsen
  - Öffnen, Schließen von Türen
  - Materialtransport
  - Drehen von Werkstücken
  - Vereinzeln von Werkstücken
  - Stapeln von Werkstücken
  - Prägen und Pressen von Werkstücken

Bild 1.2:
Weichenschaltung für zwei
Transportbänder

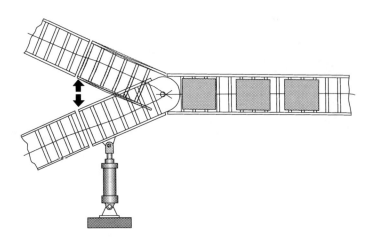

Bild 1.3:
Pneumatisch betätigtes
Rollenmesser

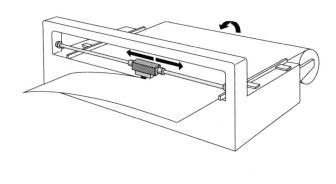

Die Pneumatik wird in folgenden Bearbeitungstechnologien angewandt:

- Bohren
- Drehen
- Fräsen
- Sägen
- Feinbearbeiten (Finish)
- Umformen
- Prüfen

Merkmale und **Vorteile** der Pneumatik:

Menge	Luft ist praktisch überall in unbegrenzter Menge verfügbar.	*Tabelle 1.1: Merkmale und Vorteile der Pneumatik*
Transport	Luft kann sehr einfach in Rohrleitungen über weite Strecken transportiert werden.	
Speicherfähigkeit	Druckluft kann in einem Druckbehälter gespeichert und von dort entnommen werden. Der Druckbehälter (Flasche) kann zusätzlich noch transportabel sein.	
Temperatur	Druckluft ist nahezu unempfindlich gegen Temperaturschwankungen. Dies garantiert einen zuverlässigen Betrieb selbst unter extremen Bedingungen.	
Sicherheit	Druckluft bietet kein Risiko in Bezug auf Feuer- oder Explosionsgefahr.	
Sauberkeit	Nichtgeölte entweichende Druckluft verursacht keine Umweltverschmutzung.	
Aufbau	Die Arbeitselemente sind einfach in ihrem Aufbau und daher preiswert.	
Geschwindigkeit	Druckluft ist ein schnelles Arbeitsmedium. Es können hohe Kolbengeschwindigkeiten und kurze Schaltzeiten erzielt werden.	
Überlastsicherung	Pneumatische Werkzeuge und Arbeitselemente können bis zum Stillstand belastet werden und sind somit überlastsicher.	

Um die Anwendungsgebiete der Pneumatik genau beurteilen zu können, muss man allerdings auch deren **Nachteile** kennen:

Tabelle 1.2: Nachteile der Pneumatik

Aufbereitung	Druckluft muss aufbereitet werden, da sonst die Gefahr erhöhten Verschleißes der Pneumatikkomponenten durch Schmutzpartikel und Kondenswasser besteht.
Verdichtung	Mit Druckluft ist es nicht möglich, gleichmäßige und konstante Kolbengeschwindigkeiten zu erzielen.
Kraft	Druckluft ist nur bis zu einem bestimmten Kraftbedarf wirtschaftlich. Bei dem normalerweise verwendeten Betriebsdruck von 600 bis 700 kPa (6 bis 7 bar) und in Abhängigkeit von Hub und Geschwindigkeit liegt diese Grenze zwischen 40.000 und 50.000 N.
Abluft	Das Entweichen der Luft ist mit hoher Geräuschentwicklung verbunden. Dieses Problem kann aber weitgehend durch schallabsorbierende Materialien und Schalldämpfer gelöst werden.

Der Vergleich mit anderen Energieformen ist eine wichtige Voraussetzung für den Einsatz der Pneumatik als Steuer- oder Arbeitsmedium. Diese Beurteilung umfasst das Gesamtsystem, angefangen von den Eingangssignalen (Sensoren), über den Steuerteil (Prozessor), bis hin zu den Stellelementen und Aktoren. Zusätzlich müssen noch folgende Faktoren betrachtet werden:

- bevorzugte Steuermedien

- vorhandene Ausrüstung

- vorhandenes Fachwissen

- bereits vorhandene Systeme

Arbeitsmedien sind:

- elektrischer Strom (Elektrik)
- Flüssigkeiten (Hydraulik)
- Druckluft (Pneumatik)
- Kombination obiger Medien

Auswahlkriterien und Systemeigenschaften, die beim Einsatz der Arbeitsmedien zu berücksichtigen sind:

- Kraft
- Hub
- Bewegungsart (linear, schwenkend, rotierend)
- Geschwindigkeit
- Lebensdauer
- Sicherheit und Zuverlässigkeit
- Energiekosten
- Bedienbarkeit
- Speicherfähigkeit

Steuermedien sind:

- mechanische Verbindungen (Mechanik)
- elektrischer Strom (Elektrik, Elektronik)
- Flüssigkeiten (Hydraulik)
- Druckluft (Pneumatik, Niederdruck-Pneumatik)

Auswahlkriterien und Systemeigenschaften, die beim Einsatz der Steuermedien zu berücksichtigen sind:

- Zuverlässigkeit der Bauteile
- Empfindlichkeit gegenüber Umwelteinflüssen
- Wartungs- und Reparaturfreundlichkeit
- Schaltzeit der Bauteile
- Signalgeschwindigkeit
- Platzbedarf
- Lebensdauer
- Veränderbarkeit des Systems
- Schulungsaufwand

1.2 Entwicklung pneumatischer Steuerungssysteme

In der Pneumatik gibt es folgende Produktgruppen:

- Aktoren

- Sensoren und Eingabegeräte

- Prozessoren

- Zubehörteile

- komplette Steuerungssysteme

Bei der Entwicklung pneumatischer Steuerungssysteme müssen folgende Gesichtspunkte beachtet werden:

- Zuverlässigkeit

- Wartungsfreundlichkeit

- Ersatzteilkosten

- Montage und Anschluss

- Instandhaltungskosten

- Austauschbarkeit und Anpassungsfähigkeit

- Kompakte Bauweise

- Wirtschaftlichkeit

- Dokumentation

1.3 Struktur und Signalfluss in pneumatischen Systemen

Pneumatische Systeme bestehen aus einer Verkettung verschiedener Elementgruppen.

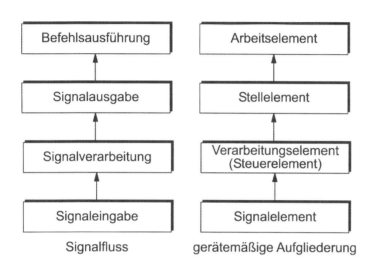

Bild 1.4: Signalfluss

Diese Elementgruppen bilden einen Steuerweg für den Signalfluss, ausgehend von der Signalseite (Eingang) bis hin zur Arbeitsseite (Ausgang).

Stellelemente steuern die Arbeitselemente entsprechend den von den Verarbeitungselementen empfangenen Signalen.

Die Elementgruppen einer pneumatischen Steuerung sind:

- Energieversorgung
- Eingabeelemente (Sensoren)
- Verarbeitungselemente (Prozessoren)
- Stellelemente
- Arbeitselemente (Aktoren)

Die Elemente eines Systems werden durch Schaltzeichen dargestellt, die Aufschluss über die Funktion eines Elementes im Schaltplan geben.

Bild 1.5: Pneumatische Steuerung

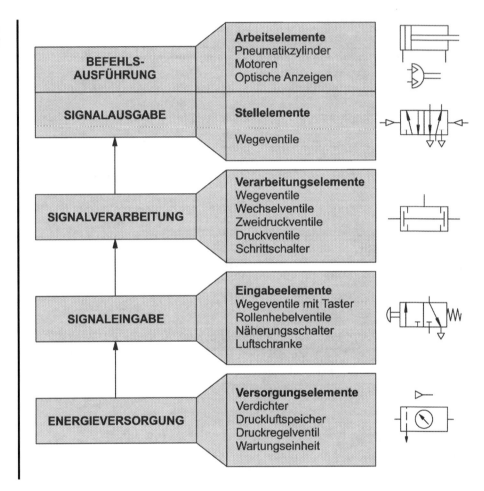

BEFEHLS-AUSFÜHRUNG — **Arbeitselemente** Pneumatikzylinder, Motoren, Optische Anzeigen

SIGNALAUSGABE — **Stellelemente** Wegeventile

SIGNALVERARBEITUNG — **Verarbeitungselemente** Wegeventile, Wechselventile, Zweidruckventile, Druckventile, Schrittschalter

SIGNALEINGABE — **Eingabeelemente** Wegeventile mit Taster, Rollenhebelventile, Näherungsschalter, Luftschranke

ENERGIEVERSORGUNG — **Versorgungselemente** Verdichter, Druckluftspeicher, Druckregelventil, Wartungseinheit

Das Wegeventil kann als Eingabe-, Verarbeitungs- oder als Stellelement verwendet werden. Als Unterscheidungsmerkmal für die Zuordnung der einzelnen Bauteile zur jeweiligen Elementgruppe gilt die Anordnung in einem pneumatischen System.

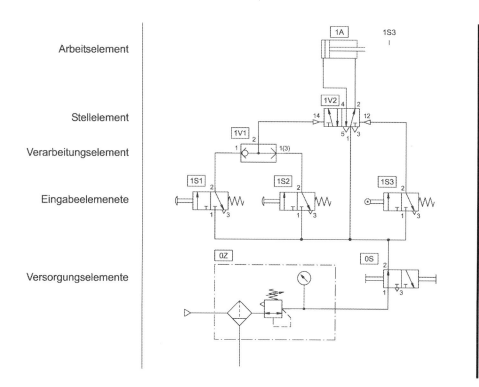

Bild 1.6:
Pneumatischer Schaltplan
(Systemschaltplan)

22

Kapitel 2

Elemente pneumatischer Systeme

2.1 Drucklufterzeugung und Druckluftzufuhr

Die Druckluftversorgung für ein pneumatisches System sollte ausreichend dimensioniert und die Druckluft in richtiger Qualität vorhanden sein.

Die Luft wird mit dem Verdichter verdichtet und an das Luftverteilungssystem weitergeleitet. Um sicherzustellen, dass die Luftqualität ausreichend ist, wird sie z.B. in Lufttrocknern und Wartungseinheiten aufbereitet.

Um Systemstörungen zu vermeiden, sollten folgende Aspekte bei der Druckluftaufbereitung berücksichtigt werden:

- Luftverbrauch
- Verdichtertyp
- benötigter Systemdruck
- benötigte Speichermenge
- benötigter Luftreinheitsgrad
- möglichst geringe Luftfeuchtigkeit
- Schmierungsanforderungen
- Lufttemperatur und Auswirkungen auf das System
- Leitungs- und Ventilgrößen
- Werkstoffauswahl für die Umgebungs- und Systembedingungen
- Entlüftungs- und Ablassstellen
- Anordnung des Verteilersystems

In der Regel werden pneumatische Bauelemente für einen maximalen Betriebsdruck von 800 bis 1000 kPa (8 bis 10 bar) ausgelegt, jedoch empfiehlt es sich, in der Praxis aus wirtschaftlichen Gründen mit einem Druck von 500 bis 600 kPa (5 bis 6 bar) zu arbeiten. Der Verdichter sollte einen Druck von 650 bis 700 kPa (6,5 bis 7 bar) liefern, um den Druckverlust innerhalb des Luftverteilungssystems ausgleichen zu können.

Um Druckschwankungen im System zu vermeiden, muss ein Druckluftspeicher installiert werden. Teilweise wird in der Literatur für den Begriff Druckluftspeicher auch die Bezeichnung Windkessel verwendet.

Der Verdichter füllt den Druckluftspeicher, der als Vorratsbehälter zur Verfügung steht.

Der Rohrdurchmesser des Luftverteilungssystems sollte so gewählt werden, dass der Druckverlust vom Druckbehälter bis zum Verbraucher im Idealfall ca. 10 kPa (0,1 bar) nicht übersteigt. Die Wahl des Rohrdurchmessers richtet sich nach:

- Durchflussmenge

- Leitungslänge

- zulässigem Druckverlust

- Betriebsdruck

- Anzahl der Drosselstellen in der Leitung

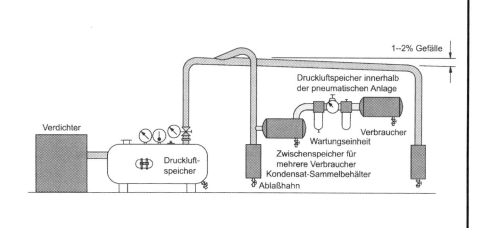

Bild 2.1:
Luftverteilungssystem

Am häufigsten werden Ringleitungen als Hauptleitung verlegt. Mit dieser Art der Verlegung der Druckluftleitung wird auch bei starkem Luftverbrauch eine gleichmäßige Versorgung erreicht. Die Rohrleitungen sollen in Strömungsrichtung mit 1 bis 2% Gefälle verlegt werden. Besonders bei Stichleitungen ist hierauf zu achten. Kondensat kann an der tiefsten Stelle aus den Leitungen ausgeschieden werden.

Abzweigungen der Luftentnahmestellen bei horizontalem Leitungsverlauf sind grundsätzlich an der Oberseite der Hauptleitung anzubringen.

Abzweigungen zur Kondensatentnahme werden an der Unterseite der Hauptleitung angebracht.

Durch Absperrventile besteht die Möglichkeit, Teile der Druckluftleitungen abzusperren wenn sie nicht benötigt werden oder zur Reparatur und Wartung stillgelegt werden müssen.

Die Wartungseinheit kann häufig aus einer Kombination folgender Einheiten bestehen:

- Druckluftfilter (mit Wasserabscheider)
- Druckregelventil
- Druckluftöler

Der Einsatz eines Druckluftölers braucht allerdings nur bei Bedarf im Leistungsteil einer Steuerung vorgesehen werden. Die Druckluft im Steuerteil muss nicht unbedingt geölt werden.

Die richtige Kombination, Größe und Bauart werden von der Anwendung und den Ansprüchen des Systems bestimmt. Um die Luftqualität für jede Aufgabe zu garantieren, werden Wartungseinheiten in jedem Steuerungssystem installiert.

Bild 2.2: Wartungseinheit

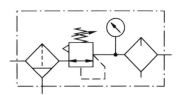

Der Druckluftfilter hat die Aufgabe, Verunreinigungen sowie Kondensat aus der durchströmenden Druckluft zu entfernen. Die Druckluft strömt durch Leitschlitze in die Filterschale. Hier werden Flüssigkeitsteilchen und Schmutzpartikel durch Zentrifugalkraft vom Luftstrom getrennt. Die herausgelösten Schmutzpartikel setzen sich im unteren Teil der Filterschale ab. Das gesammelte Kondensat muss vor Überschreiten der Maximalgrenze abgelassen werden, da es sonst dem Luftstrom wieder zugeführt wird.

Druckluftfilter

Das Druckregelventil hat die Aufgabe, den Arbeitsdruck der Anlage (Sekundärdruck) konstant zu halten, ohne Rücksicht auf Schwankungen des Leitungsdrucks (Primärdruck) und des Luftverbrauchs.

Druckregelventil

Der Druckluftöler hat die Aufgabe, die Luft mit einer dosierten Ölmenge anzureichern, wenn dies für den Betrieb der pneumatischen Anlage notwendig ist.

Druckluftöler

2.2 Ventile

Ventile haben die Aufgabe, den Druck oder den Durchfluss von Druckmedien zu steuern. Je nach Bauart lassen sie sich in folgende Kategorien einteilen:

- Wegeventile: Eingabe-, Verarbeitungs- und Stellelemente
- Sperrventile
- Stromventile
- Druckventile
- Absperrventile

Wegeventile Das Wegeventil steuert den Durchgang von Luftsignalen oder Luftströmen. Es sperrt, öffnet oder verändert die Durchlassrichtung des Druckmediums.

Das Ventil wird beschrieben durch:

- Anzahl der Anschlüsse (Wege):   2-Wege, 3-Wege, 4-Wege, etc.

- Anzahl der Schaltstellungen: 2 Stellungen, 3 Stellungen, etc.

- Ventilbetätigungsart: muskelkraftbetätigt, mechanisch betätigt, druckluftbetätigt, elektrisch betätigt

- Rückstellungsarten: federrückgestellt, druckrückgestellt

Als Eingabeelement kann das Wegeventil zum Beispiel durch einen Rollenhebel betätigt werden, um eine Kolbenstangenposition abzufragen.

Bild 2.3: 3/2-Wege-Rollenhebelventil, 3/2-Wege Kipprollenventil

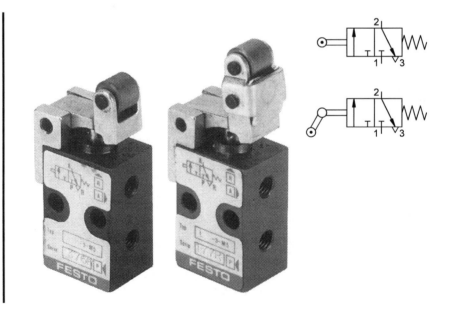

Als Verarbeitungselement setzt bzw. löscht das Wegeventil Signale oder leitet Signale um. Dies geschieht in Abhängigkeit von einem Steuersignal.

Bild 2.4: 3/2-Wege-Pneumatikventil, einseitig druckluftbetätigt, federrückgestellt

Als Stellelement muss das Wegeventil einen ausreichenden Volumenstrom für die Arbeitselemente zur Verfügung stellen.

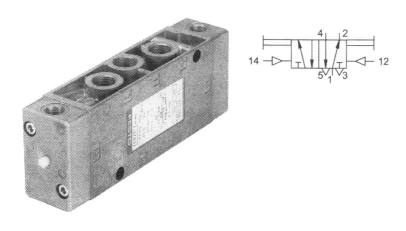

Bild 2.5: 5/2-Wege-Impulsventil, beidseitig druckluftbetätigt, Handhilfsbetätigung

Sperrventile   Das Sperrventil erlaubt den Durchfluss des Luftstroms in nur einer Richtung. Anwendung findet dieses Prinzip u.a. in Wechselventilen oder Schnellentlüftungsventilen. Das Rückschlagventil als Grundelement der anderen Ventilarten ist in der folgenden Abbildung jeweils gestrichelt umrahmt.

Bild 2.6: Varianten von Sperrventilen

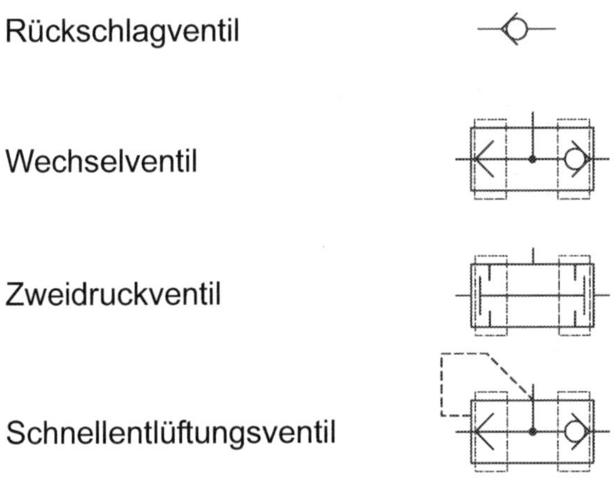

Rückschlagventil

Wechselventil

Zweidruckventil

Schnellentlüftungsventil

Stromventile   Das Drosselventil sperrt oder drosselt den Volumenstrom und steuert somit die Luftdurchflussmenge. Im Idealfall ist es möglich, die Drossel stufenlos von voll geöffnet bis ganz geschlossen einzustellen. Das Drosselventil sollte nach Möglichkeit in unmittelbarer Nähe des Arbeitselementes installiert sein und muss den Anwendungsbedingungen gemäß eingestellt werden. Ist zum Drosselventil zusätzlich ein Rückschlagventil parallel geschaltet, dann wird in der einen Richtung der Durchfluss begrenzt und in der entgegengesetzten Richtung mit maximalem Durchfluss gearbeitet.

Bild 2.7: Stromventile

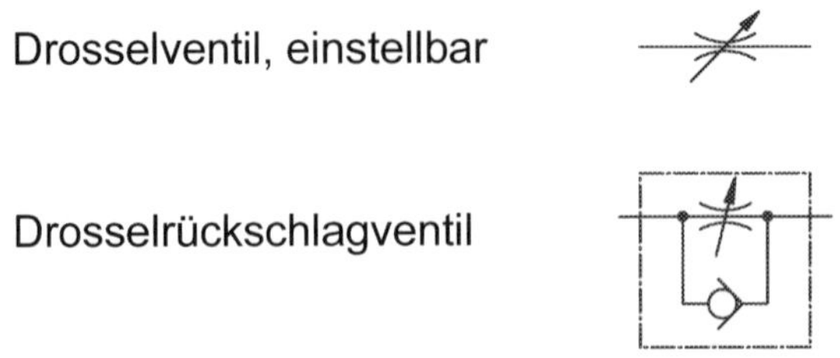

Drosselventil, einstellbar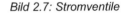

Drosselrückschlagventil

Druckventile teilen sich in drei Hauptgruppen:

- Druckbegrenzungsventile
- Druckregelventile
- Druckschaltventile

Die Druckbegrenzungsventile werden dem Verdichter nachgeschaltet, um sicherzustellen, dass der Druck im Druckluftspeicher aus Sicherheitsgründen begrenzt und der Versorgungsdruck korrekt eingestellt ist.

Das Druckregelventil hält den Arbeitsdruck unabhängig von Druckschwankungen im Netz weitgehend konstant. Das Ventil regelt den Druck über eine eingebaute Membran.

Das Druckschaltventil wird eingesetzt, wenn ein druckabhängiges Signal zum Weiterschalten einer Steuerung benötigt wird.

Druckventile

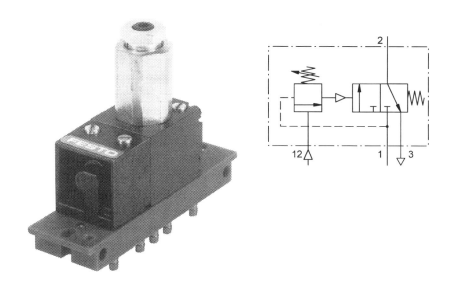

Bild 2.8: Druckschaltventil

Erreicht das anstehende Steuersignal den eingestellten Druck, wird das hier eingebaute 3/2-Wegeventil betätigt. Umgekehrt schaltet das Ventil zurück, wenn das Steuersignal den eingestellten Druck unterschreitet.

Baueinheiten

Durch die Kombination verschiedener Bauteile können weitere Schalt-funktionen erzielt werden. Ein Beispiel dafür ist das Zeit-verzögerungsventil. Diese Kombination aus Drosselrückschlagventil, Luftbehälter und einem 3/2-Wegeventil wird als Zeitglied eingesetzt.

Bild 2.9:
Zeitverzögerungsventil

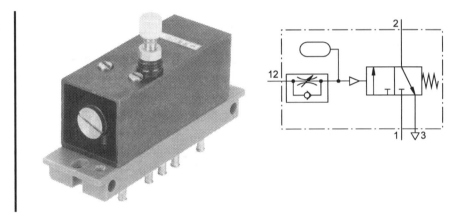

Je nach Einstellung der Drosselschraube strömt mehr oder weniger Luft pro Zeiteinheit in den Luftbehälter. Nach Erreichen des notwendigen Schaltdrucks schaltet das Ventil auf Durchfluss. Diese Schaltstellung bleibt erhalten, solange das Steuersignal ansteht.

Andere Ventilkombinationen sind z.B.

- Zweihand-Steuergerät

- Taktgeber

- Taktstufen-Bausteine

- Speicher-Bausteine

2.3 Verarbeitungselemente (Prozessoren)

Für eine logische Verarbeitung der Ausgangssignale der Eingabeelemente gibt es verschiedene Schaltelemente:

- Zweidruckventil (UND-Glied)

- Wechselventil (ODER-Glied)

Mit dem Wechselventil können zwei Eingangssignale in der ODER-Funktion miteinander verknüpft werden. Das ODER-Glied hat zwei Eingänge und einen Ausgang. Ein Ausgangssignal wird geliefert, wenn an einem der beiden Eingänge Druck ansteht.

Bild 2.10: Wechselventil

Die Weiterentwicklung der Prozessorik in der Pneumatik führte zu modularen Systemen, die Wegeventilfunktionen und logische Elemente verbinden, um eine Verarbeitungsaufgabe auszuführen. Dies verringert Größe, Kosten und Montageaufwand des Systems.

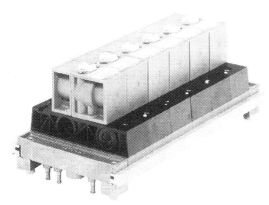
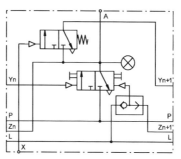

Bild 2.11: Modulare Verarbeitungslösung (Taktstufen-Baustein)

2.4 Arbeitselemente

Der Leistungsteil enthält Stellelemente und Arbeitselemente oder Aktoren. Die Gruppe der Arbeitselemente umfasst Variationen der Linear- und Drehantriebe in unterschiedlichen Baugrößen und Ausführungsformen. Die Arbeitselemente werden durch Stellelemente angesteuert, welche die für die Arbeit benötigte Luftmenge freigeben. Normalerweise ist dieses Ventil direkt an die Hauptluftversorgung angeschlossen, um die Strömungsverluste so niedrig wie möglich zu halten.

Bild 2.12: Arbeitselemente und Stellelement

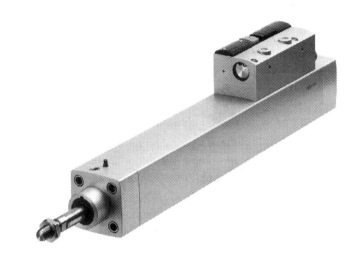

Die Arbeitselemente können in weitere Gruppen unterteilt werden:

- Geradlinige Antriebe (Lineare Antriebe):
  – einfachwirkender Zylinder
  – doppeltwirkender Zylinder

- Drehantriebe (Rotationsantriebe):
  – Luftmotor
  – Schwenkantrieb

Bild 2.13: Geradlinige Antriebe und Drehantriebe

2.5 Systeme

Im allgemeinen erfolgt die Ansteuerung eines Zylinders über ein Wegeventil. Die Auswahl dieses Wegeventils (Anzahl der Anschlüsse, Anzahl der Schaltstellungen, Betätigungsart) ist dabei abhängig von der jeweiligen Anwendung.

Ansteuerung eines einfachwirkenden Zylinders

Die Kolbenstange eines einfachwirkenden Zylinders soll bei Betätigung eines Drucktasters ausfahren und automatisch in die Ausgangsstellung zurückkehren, wenn der Drucktaster freigegeben wird.   *Problemstellung*

Die Ansteuerung des einfachwirkenden Zylinders erfolgt über ein muskelkraft-betätigtes 3/2-Wegeventil. Das Ventil schaltet von der Ausgangsstellung in die Durchflussstellung, wenn der Drucktaster gedrückt wird. Der Schaltplan besteht aus: *Lösung*

- Einfachwirkender Zylinder, federrückgestellt

- 3/2-Wegeventil, muskelkraftbetätigt, federrückgestellt

- Druckluftversorgung an das 3/2-Wegeventil angeschlossen

- Druckluftverbindung zwischen Ventil und Zylinder

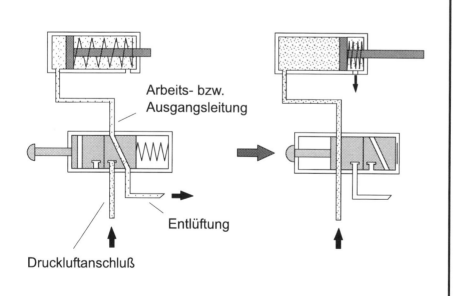

Bild 2.14:
Ansteuerung eines
einfachwirkenden Zylinders

Arbeits- bzw.
Ausgangsleitung

Entlüftung

Druckluftanschluß

Die Anschlussbelegung des 3/2-Wegeventils besteht aus dem Druckluftanschluss, der Arbeits- bzw. Ausgangsleitung und der Entlüftung. Die
Verbindung zwischen diesen Anschlüssen wird durch die Ventilstellung
bestimmt. Die möglichen Schaltstellungen zeigt obige Abbildung.

Ausgangsstellung:

Die Ausgangsstellung (linker Schaltplan) ist der Zustand, den das System einnimmt, wenn alle Anschlüsse belegt sind und keine manuelle
Betätigung durch den Bediener stattfindet. Im unbetätigten Zustand ist
der Druckluftanschluss am Ventil gesperrt und die Kolbenstange des
Zylinders eingefahren (federrückgestellt). In dieser Ventilstellung wird
der Kolbenraum des Zylinders entlüftet.

Drucktaster betätigt:

Durch Betätigung des Drucktasters wird das 3/2-Wegeventil gegen die
Ventilrückstellfeder umgesteuert. Die schematische Darstellung (rechter
Schaltplan) zeigt das Ventil in Arbeitsposition. In diesem Zustand ist der
Druckluftanschluss über das Ventil mit dem Kolbenraum des Zylinders
verbunden. Der sich dabei aufbauende Druck sorgt für ein Ausfahren
der Kolbenstange gegen die Kraft der Kolbenrückstellfeder. Sobald die
Kolbenstange ihre vordere Endlage erreicht hat, baut sich im Kolben-
raum des Zylinders der maximale Systemdruck auf.

Drucktaster unbetätigt:

Sobald der Drucktaster freigegeben wird, bringt die Rückstellfeder das
Ventil wieder in seine Ausgangsstellung, die Kolbenstange fährt ein.

Anmerkung Die Ein- und Ausfahrgeschwindigkeiten der Kolbenstange sind im allgemeinen nicht gleich groß. Dies hat folgende Ursachen:

- Die Kolbenrückstellfeder erzeugt beim Ausfahren eine Gegenkraft.

- Beim Einfahren strömt die verdrängte Luft über das Ventil ab. Es
  muss somit ein Strömungswiderstand überwunden werden.

- Normalerweise sind einfachwirkende Zylinder so ausgelegt, dass die
  Ausfahrgeschwindigkeit größer als die Einfahrgeschwindigkeit ist.

Ansteuerung eines doppeltwirkenden Zylinders

Die Kolbenstange eines doppeltwirkenden Zylinders soll bei Betätigung eines Drucktasters ausfahren und zurückfahren, wenn der Drucktaster freigegeben wird. Der doppeltwirkende Zylinder kann in beide Bewegungsrichtungen Arbeit verrichten, da für das Aus- und Einfahren beide Kolbenseiten mit dem Systemdruck beaufschlagt werden können. *Problemstellung*

Die Ansteuerung des doppeltwirkenden Zylinders erfolgt über ein muskelkraftbetätigtes 5/2-Wegeventil. Am Ventil wird ein Signal erzeugt bzw. gelöscht, wenn der Drucktaster gedrückt bzw. losgelassen wird. Der Schaltplan besteht aus: *Lösung*

- Doppeltwirkender Zylinder

- 5/2-Wegeventil, muskelkraftbetätigt, federrückgestellt

- Druckluftversorgung an das 5/2-Wegeventil angeschlossen

- Druckluftverbindungen zwischen Ventil und Zylinder

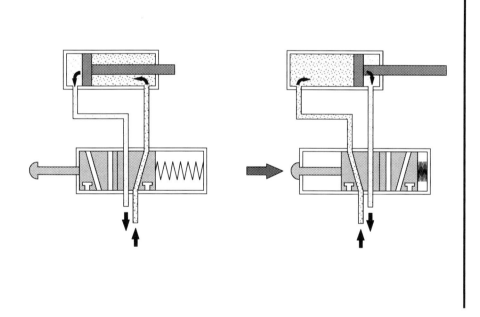

Bild 2.14:
Ansteuerung eines
doppeltwirkenden Zylinders

Ausgangsstellung:

Die Ausgangsstellung (linker Schaltplan) ist der Zustand, den das System einnimmt, wenn alle Anschlüsse belegt sind und keine manuelle Betätigung durch den Bediener stattfindet. Im unbetätigten Zustand ist die Kolbenstangenseite mit Druck beaufschlagt, während die Kolbenseite des Zylinders entlüftet wird.

Drucktaster betätigt:

Durch Betätigung des Drucktasters wird das 5/2-Wegeventil gegen die Ventilrückstellfeder umgesteuert. Die schematische Darstellung (rechter Schaltplan) zeigt das Ventil in Arbeitsposition. In diesem Zustand ist der Druckluftanschluss über das Ventil mit der Kolbenseite des Zylinders verbunden, während die Kolbenstangenseite entlüftet wird. Der sich aufbauende Druck auf der Kolbenseite sorgt für ein Ausfahren der Kolbenstange. Sobald die Kolbenstange ihre hintere Endlage erreicht hat, baut sich auf der Kolbenseite des Zylinders der maximale Systemdruck auf.

Drucktaster unbetätigt:

Sobald der Drucktaster freigegeben wird, bringt die Rückstellfeder das Ventil wieder in seine Ausgangsstellung. Die Kolbenstangenseite wird mit Druck beaufschlagt und die Kolbenstange fährt ein. Die Luft auf der Kolbenseite wird über das Ventil an die Umgebung verdrängt.

Anmerkung Die Ein- und Ausfahrgeschwindigkeiten sind im allgemeinen nicht gleich groß. Dies hat folgende Ursache: Auf der Kolbenstangenseite nimmt die Kolbenstange einen Teil des Zylindervolumens ein. Beim Einfahren muss daher der Zylinder mit weniger Luft gefüllt werden als beim Ausfahren. Die Einfahrgeschwindigkeit ist größer als die Ausfahrgeschwindigkeit.

Kapitel 3

Symbole und Normen in der Pneumatik

3.1 Symbole und Beschreibung der Komponenten

Die Entwicklung pneumatischer Systeme verlangt ein einheitliches Format bei der Darstellung von Bauteilen und Schaltplänen. An den Symbolen müssen folgende Eigenschaften erkennbar sein:

- Betätigungsart

- Anzahl der Anschlüsse und deren Bezeichnung

- Anzahl der Schaltstellungen

- Funktionsprinzip

- Vereinfachte Darstellung des Durchflusswegs

Die technische Ausführung des Bauteils ist in der abstrakten Symbolform nicht berücksichtigt.

Die Symbole, die in der Pneumatik Anwendung finden, sind in der DIN ISO 1219 " Fluidtechnik – Graphische Symbole und Schaltpläne " aufgeführt. Im Anschluss ist eine Liste der wichtigsten Symbole dargestellt.

Die Normen für Konstruktion, Test und Gestaltung von pneumatischen Steuersystemen sind im Literaturverzeichnis aufgeführt.

Die Symbole für das Druckluftversorgungssystem können als einzelne Komponenten oder als Kombination mehrerer Komponenten dargestellt werden. Wird ein Sammelanschluss für alle Bauteile verwendet, so kann die Druckluftquelle durch ein vereinfachtes Symbol dargestellt werden.

Druckluftversorgung

Versorgung

– Verdichter mit konstantem Verdrängungsvolumen

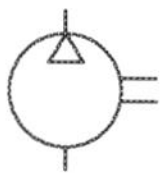

– Speicher, Luftbehälter

– Druckquelle

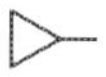

Wartung

– Filter   Abscheiden und Filtrieren der Schmutzteilchen

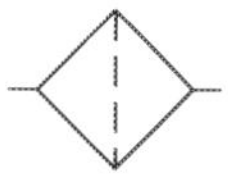

– Wasserabscheider mit Handbetätigung

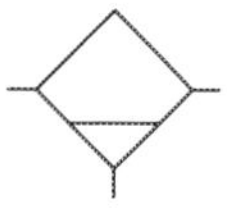

– Wasserabscheider, automatisch

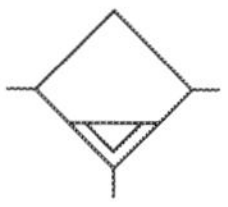

– Öler   geringe Ölmengen werden dem Luftstrom beigemischt

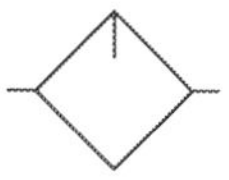

– Druckregelventil   mit Entlastungsöffnung einstellbar

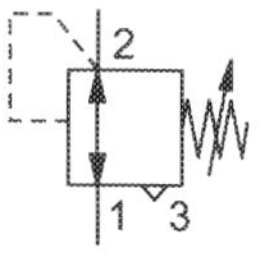

Kombinierte Symbole

– Wartungseinheit   bestehend aus Druckluftfilter, Druckregelventil, Manometer und Drucköler

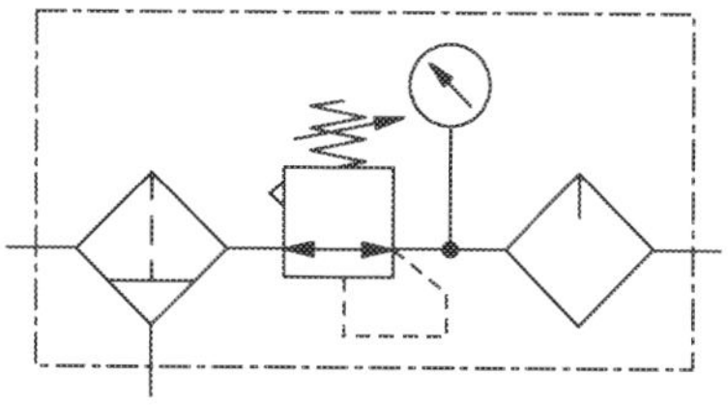

                   Vereinfachte Darstellung einer Wartungseinheit

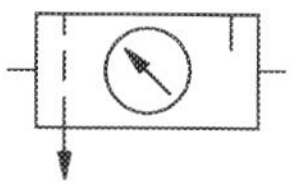

                   Vereinfachte Darstellung einer Wartungseinheit ohne Druckluftöler

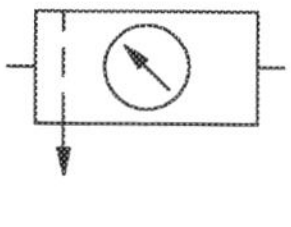

Bild 3.1: Symbole für den Energieversorgungsteil

Bild 3.2: Wegeventile:
Schaltzeichen

Schaltstellungen werden als Quadrat dargestellt

Die Anzahl der Quadrate entspricht der
Anzahl der Schaltstellungen

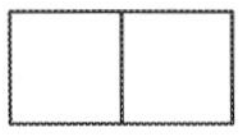

Linien geben Durchflusswege an,
Pfeile zeigen die Durchflussrichtung

Gesperrte Anschlüsse werden durch zwei im
rechten Winkel zueinander gezeichnete Linien
dargestellt

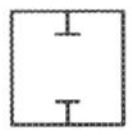

Anschlussleitungen für Zu- und Abluft werden
außen an ein Quadrat gezeichnet

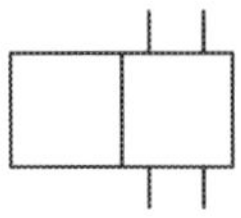

Das Wegeventil wird durch die Anzahl der Anschlüsse, die Anzahl der Schaltstellungen und den Durchflussweg dargestellt. Um Fehlanschlüsse zu vermeiden, werden alle Ein- bzw. Ausgänge eines Ventils gekennzeichnet.

Wegeventile

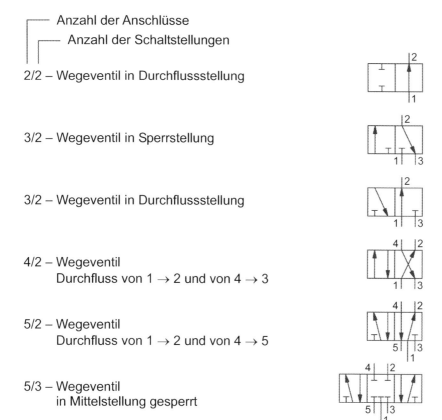

Anzahl der Anschlüsse

Anzahl der Schaltstellungen

2/2 – Wegeventil in Durchflussstellung

3/2 – Wegeventil in Sperrstellung

3/2 – Wegeventil in Durchflussstellung

4/2 – Wegeventil
Durchfluss von 1 → 2 und von 4 → 3

5/2 – Wegeventil
Durchfluss von 1 → 2 und von 4 → 5

5/3 – Wegeventil
in Mittelstellung gesperrt

Bild 3.3: Wegeventile: Anschlüsse und Schaltstellungen

Die Anschlüsse der Wegeventile können entweder durch Buchstaben oder nach DIN ISO 5599-3 mit Nummern bezeichnet werden. Beide Möglichkeiten werden nachfolgend vorgestellt:

Arbeitsleitungen

DIN ISO 5599-3	Buchstabensystem	Öffnung oder Anschluss
1	P	Druckluftanschluss
2, 4	A, B	Arbeitsleitungen
3, 5	R, S	Entlüftungsleitungen

Steuerleitungen

10	Z	anstehendes Signal sperrt Durchgang von Anschluss 1 nach Anschluss 2
12	Y, Z	anstehendes Signal verbindet Anschluss 1 mit Anschluss 2
14	Z	anstehendes Signal verbindet Anschluss 1 mit Anschluss 4
81, 91	Pz	Hilfssteuerluft

Anmerkung In diesem Buch werden alle Anschlüsse mit Zahlen und Buchstaben bezeichnet.

Bild 3.4: Beispiele für Bezeichnungen

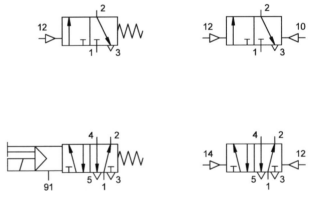

Die Betätigungsart pneumatischer Wegeventile hängt von den Systemanforderungen ab. Betätigungsarten können sein:

Betätigungsarten

- muskelkraftbetätigt

- mechanisch betätigt

- druckluftbetätigt

- elektrisch betätigt

- Kombinationen von Betätigungsarten

Die Symbole für die Betätigungsarten sind in DIN ISO 1219 aufgeführt.

Im Zusammenhang mit Wegeventilen muss die Grundbetätigungsart des
Ventils und die Rückstellung berücksichtigt werden. Normalerweise
werden die Symbole dafür auf beiden Seiten der Schaltstellungen aufgeführt. Zusätzliche Betätigungsarten, wie z.B. Handhilfsbetätigung, werden gesondert angegeben.

Bild 3.5: Betätigungsarten

Muskelkraft Betätigung

allgemein

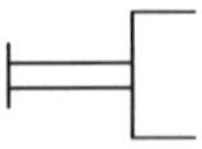

durch Druckknopf

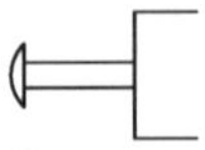

durch Hebel

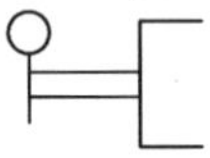

durch Hebel und Raste

durch Pedal

Mechanische Betätigung

durch Stößel

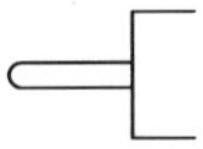

durch Rolle

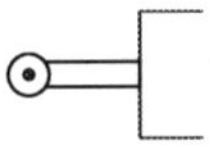

durch Rolle, nur in einer Richtung arbeitend

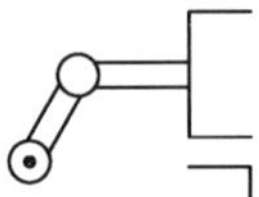

durch Feder

federzentriert

Druckluft Betätigung

direkte Betätigung, durch Druckbeaufschlagung

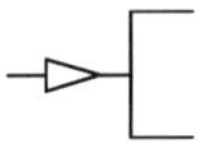

indirekte Betätigung, durch Druckbeaufschlagung, vorgesteuert

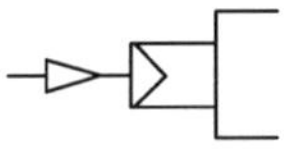

Elektrische Betätigung

durch einen Elektromagnet

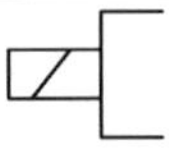

durch zwei Elektromagneten

Kombinierte Betätigung

vorgesteuertes Ventil, beidseitig elektromagnetisch betätigt, Handhilfsbetätigung

Das Rückschlagventil dient als Grundelement für eine ganze Reihe von Varianten. Rückschlagventile gibt es sowohl mit als auch ohne Feder-rückstellung. Um den Durchfluss freizugeben, muss bei der Ausführung mit Feder die Druckkraft größer als die Federkraft sein.

Rückschlagventile

Bild 3.6: Rückschlagventil und seine Varianten

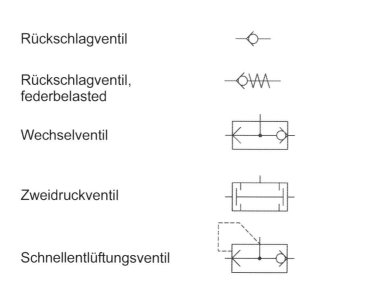

Rückschlagventil

Rückschlagventil, federbelasted

Wechselventil

Zweidruckventil

Schnellentlüftungsventil

Drosselventile sind überwiegend einstellbar und ermöglichen eine Dros-selung in beide Richtungen. Ist das Drosselsymbol mit einem Pfeil ge-kennzeichnet, so bedeutet dies, das die Drossel einstellbar ist. Der Pfeil bezieht sich nicht auf die Durchflussrichtung. Beim Drosselrückschlag-ventil ist ein Rückschlagventil parallel zum Drosselventil geschaltet. Die Drosselung erfolgt nur in einer Richtung.

Drosselventile

Bild 3.7: Drosselventile

Drosselventil, einstellbar

Drosselrückschlagventil

Druckventile   Druckventile haben die Aufgabe, den Druck in einem pneumatischen Gesamtsystem oder in einem Teil des Systems zu beeinflussen. Druckventile sind meist gegen eine Federkraft einstellbar. Je nach Anwendung werden sie in folgenden Ausführungen eingesetzt:

- Druckregelventil ohne Entlastungsöffnung
- Druckregelventil mit Entlastungsöffnung
- Druckschaltventil

Bild 3.8: Druckventile

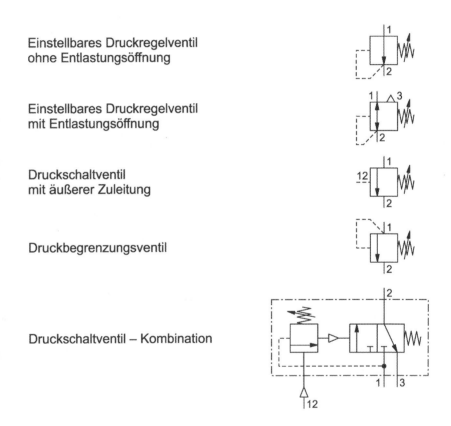

Einstellbares Druckregelventil ohne Entlastungsöffnung

Einstellbares Druckregelventil mit Entlastungsöffnung

Druckschaltventil mit äußerer Zuleitung

Druckbegrenzungsventil

Druckschaltventil – Kombination

Die Symbole stellen das Druckventil mit einem Durchflussweg dar, der im Ausgangszustand entweder geöffnet oder geschlossen ist. Beim Druckregelventil ist der Durchfluss immer geöffnet. Das Druckschaltventil bleibt solange geschlossen, bis die Druckkraft den an der Stellfeder eingestellten Grenzwert erreicht.

Die linearen Arbeitselemente oder Zylinder werden durch ihre Bauart beschrieben.

Der einfachwirkende, der doppeltwirkende und der kolbenstangenlose Zylinder sind die Grundlage für weitere Konstruktionsvarianten. Der Einsatz einer Endlagendämpfung, um die Belastung in den Endlagen während der Geschwindigkeitsabnahme des Kolbens zu reduzieren, sorgt für eine längere Lebensdauer. Die Endlagendämpfung kann entweder fest oder einstellbar sein. Ist das zugehörige Symbol mit einem Pfeil gekennzeichnet, so bedeutet dies, dass die Endlagendämpfung einstellbar ist.

Lineare Arbeitselemente

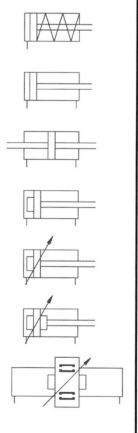

Bild 3.9: Lineare Arbeitselemente

Einfachwirkender Zylinder

Doppeltwirkender Zylinder

Doppeltwirkender Zylinder mit beidseitiger Kolbenstange

Doppeltwirkender Zylinder mit einfacher, nicht einstellbarer Dämpfung

Doppeltwirkender Zylinder mit einfacher, einstellbarer Dämpfung

Doppeltwirkender Zylinder mit doppelter, einstellbarer Dämpfung

Kolbenstangenloser Zylinder mit magnetischer Kupplung

Drehantriebe

Drehantriebe werden unterteilt in Motoren mit kontinuierlicher Drehbewegung und Schwenkantriebe mit begrenztem Drehwinkel.

Der Luftmotor läuft normalerweise mit sehr hoher Drehzahl, die entweder konstant oder einstellbar ist. Die Baugruppen mit Drehwinkelbegrenzung haben entweder feste oder einstellbare Drehwinkel und können, abhängig von Last und Drehgeschwindigkeit, gedämpft werden.

Bild 3.10: Drehbewegung

Pneumatischer Motor mit konstantem
Verdrängungsvolumen und einer Stromrichtung

Pneumatischer Motor mit veränderlichem
Verdrängungsvolumen und einer Stromrichtung

Pneumatischer Motor mit veränderlichem
Verdrängungsvolumen und zwei Stromrichtungen

Pneumatischer Schwenkmotor

Hilfssymbole

Es gibt eine ganze Reihe von wichtigen Zubehörteilen, die im Zusammenhang mit den erwähnten Bauelementen Verwendung finden.

Bild 3.11: Hilfssymbole

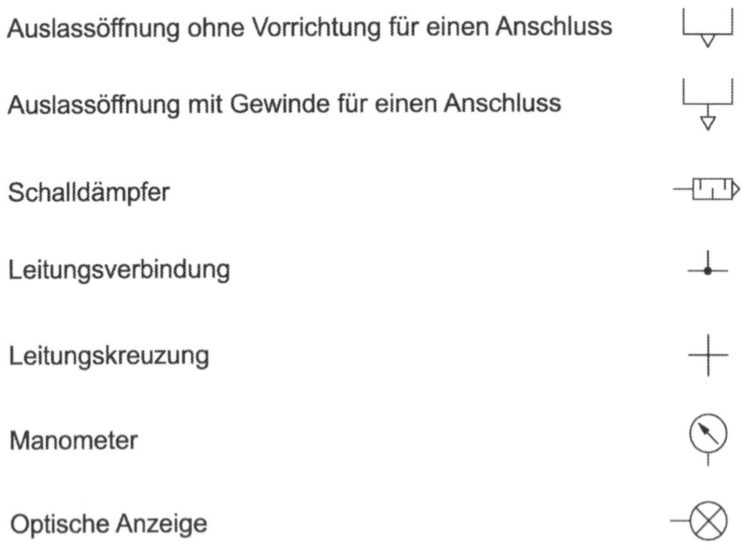

Auslassöffnung ohne Vorrichtung für einen Anschluss

Auslassöffnung mit Gewinde für einen Anschluss

Schalldämpfer

Leitungsverbindung

Leitungskreuzung

Manometer

Optische Anzeige

3.2 Sicherheitsanforderungen

Bisher gibt es noch keine Normen für die Sicherheit pneumatischer Systeme. Zur Wahrung der Sicherheit müssen daher Richtlinien und Bestimmungen, die für eine Anzahl anderer Gebiete gelten, beachtet werden.

Im folgenden ist ein Auszug aus den VDI Richtlinien 3229, " Technische Ausführungsrichtlinien für Werkzeugmaschinen und andere Fertigungsmittel ", zum Thema Sicherheit abgedruckt:

P 4.5 Sicherheit

P 4.5.1 Steuerungsausfall
Bei Steuerungsausfall oder Abschalten der Anlage darf das Bedienungspersonal nicht gefährdet werden.

P 4.5.2 NOT - AUS- SCHALTER
Pneumatische Anlagen mit mehreren Kraftzylindern müssen mit einem Risikoschalter ausgerüstet sein. Basierend auf den Konstruktions- und Betriebseigenschaften der Anlagen muss entschieden werden, ob die NOT – AUS – SCHALTER - Funktion:
– die Anlage in einem Nulldruck-Zustand versetzt
– alle Kraftzylinder in die Grundstellung zurücksetzt, oder
– alle Zylinder in ihrer momentanen Stellung sperrt.
Diese drei Möglichkeiten können auch kombiniert werden.

Folgende Richtlinien sollten beim Betrieb von Einspannvorrichtungen beachtet werden:

Die Steuerelemente der pneumatischen Einspannvorrichtungen sollten so konstruiert oder ausgelegt sein, daß sie nicht unbeabsichtigt betätigt werden können. Dies kann folgendermaßen geschehen:

Sicherheitsanforderungen für pneumatische Einspannvorrichtungen

- Manuell betriebene Schalteinrichtungen mit Abdeckungen oder Verriegelungen oder

- Steuerverriegelungen.

Es müssen Vorsichtsmaßnahmen zum Schutz vor Handverletzungen durch Einspannvorrichtungen unternommen werden. Dies kann erreicht werden durch:

- Spannzylinder außerhalb des Vorschubbereichs,

- Verwendung von Sicherheitsspannzylindern, die den vollen Spanndruck erst am Werkstück beaufschlagen oder

- Verwendung einer Zweihandbedienung.

Maschinen mit pneumatischen Einspannvorrichtungen müssen so ausgelegt sein, dass der Spindel- oder Vorschubantrieb erst eingeschaltet werden kann, wenn der Spannvorgang beendet ist. Dies kann erreicht werden durch:

- Druckwandler oder
- Druckschaltventile.

Bei Druckluftausfall darf sich die Spannvorrichtung während der Bearbeitung eines eingespannten Werkstücks nicht öffnen. Dies kann erreicht werden durch:

- Mechanische Klemmvorrichtungen
- Selbsthemmende Spannelemente
- Druckluftspeicher

Umweltbelastung   Bei pneumatischen Systemen können zwei Formen der Umweltbelastung auftreten:

- Geräuschentwicklung, die durch die Abluft entsteht.
- Ölnebel durch Öle, die dem Verdichter beigesetzt oder durch einen Druckluftöler dem Luftstrom beigemengt werden. Dieser Ölnebel wird über die Entlüftungen an die Umgebung abgegeben.

Geräuschentwicklung   Es müssen Maßnahmen gegen eine überhöhte Geräuschentwicklung an Entlüftungsstellen getroffen werden. Dies kann erreicht werden durch:

- Schalldämpfer

Schalldämpfer dienen der Geräuschminderung an Entlüftungsanschlüssen von Ventilen. Sie reduzieren die Geschwindigkeit der durchströmenden Luft. Dies kann einen geringen Einfluss auf die Geschwindigkeit der Kolbenstange eines Zylinders ausüben.

Im Gegensatz dazu ist der Durchflusswiderstand an Drosselschalldämpfern einstellbar. Somit lassen sich Kolbengeschwindigkeiten gezielt steuern.

Eine weitere Möglichkeit der Geräuschminderung ist, die Abluft mehrerer Ventile über einen Sammelanschluss einem großen Schalldämpfer zuzuführen.

Die Abluft von pneumatischen Bauelementen enthält einen Ölnebel, der oft in fein zerstäubter Form für längere Zeit in der Umgebungsluft verbleibt und somit eingeatmet werden kann. Die Umweltbelastung ist besonders hoch, wenn eine große Anzahl von Luftmotoren oder Großzylindern eingesetzt wird. In diesem Fall ist der Einsatz von Filterschalldämpfern zu empfehlen. Durch diese Elemente wird ein Großteil des Ölnebels abgeschieden und gelangt nicht in die Umgebungsluft.

Ölnebel

Bei der Wartung von oder dem Arbeiten mit pneumatischen Systemen ist beim Entfernen und Wiederanschließen der Druckluftleitungen sorgfältig vorzugehen. Die in den Schläuchen und Rohren gespeicherte Druckenergie wird in kürzester Zeit freigesetzt. Dies geschieht unter so starkem Druck, dass sich die Leitungen unkontrolliert heftig bewegen und so das Bedienungspersonal gefährden.

Betriebssicherheit

Treten Schmutzpartikel im Luftstrom aus, so kann eine zusätzliche Gefahr für die Augen bestehen.

Kapitel 4

Methoden zur Entwicklung pneumatischer Systeme

4.1 Entwicklung pneumatischer Systeme

Die Entwicklung pneumatischer Systeme setzt sich aus mehreren Schritten zusammen. Eine ausführliche Dokumentation spielt daher eine wichtige Rolle bei der Darstellung des entgültigen Ergebnisses. Dabei sollten alle gültigen Normen und Bezeichnungen beachtet werden. Die Unterlagen zu einer Anlage sollten folgendes enthalten:

- Funktionsdiagramm

- Schaltplan

- Bedienungsanleitung

- Datenblätter der Bauteile

Ergänzend können der Dokumentation

- die Stückliste aller Systembauteile,

- Wartungs- und Fehlerbehandlungsinformationen und

- die Ersatzteil- oder Verschleißteilliste hinzugefügt werden.

Es gibt hauptsächlich zwei Möglichkeiten zur Erstellung von Schaltplänen:

- Die "intuitive" Methode oder

- die methodische Schaltplanerstellung nach einer bestimmten Vorgehensweise.

Während im ersten Fall viel Erfahrung und Fachwissen und bei komplizierten Schaltungen auch viel Zeit notwendig ist, setzen Schaltplanerstellungen nach der zweiten Methode ein schematisches Arbeiten sowie ein gewisses theoretisches Grundwissen voraus.

Das Ziel einer jeden Schaltplanentwicklung ist eine funktionierende, sicher ablaufende Steuerung. Ablaufsichere und wartungsfreundliche Lösungen werden immer mehr der preisgünstigen Lösung vorgezogen.

Dies führt zwangsläufig immer mehr zur methodischen Schaltplanerstellung. Hierbei wird die Steuerung nach einem vorgegebenen Schema entworfen. Allerdings wird der gerätetechnische Aufwand einer solchen Steuerung häufig größer sein als bei einer nach der intuitiven Methode entwickelten Schaltung.

Dieser Mehraufwand an Material wird aber meist durch eine Zeitersparnis bei der Projektierung und hinterher bei der Wartung wieder ausgeglichen. Der Zeitaufwand für die Projektierung und insbesondere für die Vereinfachung der Schaltung sollte in einem vernünftigen Verhältnis zum Gesamtaufwand stehen.

Die Grundvoraussetzung für das Entwerfen eines Schaltplans ist jedoch immer ein fundiertes Grundwissen in der jeweiligen Gerätetechnik und die Kenntnis der Schaltungsmöglichkeiten und spezifischen Eigenschaften der verwendeten Bauteile.

4.2 Steuerkette

Die Steuerkette ist eine aufgegliederte Darstellung einer Steuereinrichtung. Hieraus lässt sich dann auch die Signalflussrichtung entnehmen.

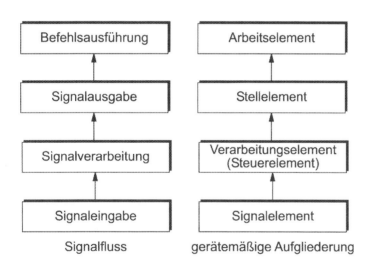

Bild 4.1: Aufgliederung einer Steuerkette

Beim Schaltungsentwurf führt die Aufgliederung zu einer groben Trennung zwischen Signaleingabe, Signalverarbeitung, Signalausgabe und Befehlsausführung. In der Praxis ist diese Trennung gut zu erkennen. Meistens ist bei umfangreichen Anlagen der Steuerteil vom Leistungsteil räumlich getrennt.

Der Signalflussplan zeigt den Weg eines Signals von der Signaleingabe bis zur Befehlsausführung.

Im folgenden werden einige Beispiele für die Zuordnung von Geräten zum Signalfluss gegeben:

Bild 4.2: Gerätezuordnung zum Signalfluss

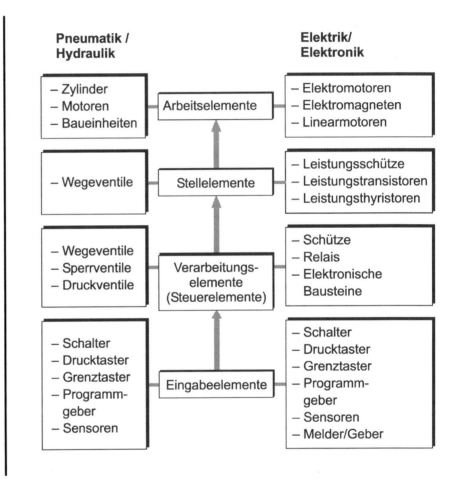

Die untenstehende Abbildung verdeutlicht die Struktur der Steuerkette in anschaulicher Weise.

Beispiel

- Eingabeelemente sind die manuell betätigten Ventile 1S1, 1S2 (Drucktasterventile) und das mechanisch betätigte Ventil 1S3 (Rollenhebelventil).

- Verarbeitungselement (Prozessor) ist das Wechselventil 1V1,

- Stellelement ist das Wegeventil 1V2.

- Arbeitselement ist der Zylinder 1A.

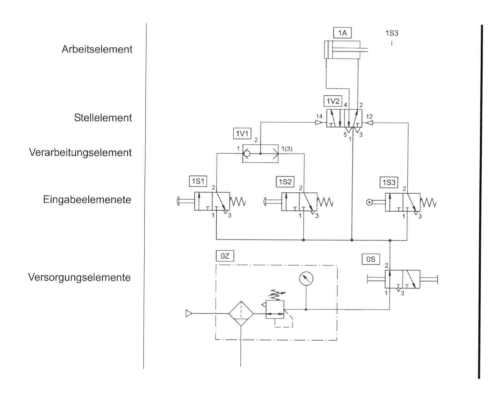

Bild 4.3: Schaltplan

4.3 Schaltplanentwurf

Die Struktur des Schaltplans sollte der Steuerkette entsprechen, wobei der Signalfluss von unten nach oben dargestellt wird. Bei der Schaltplandarstellung können vereinfachte oder detaillierte Schaltsymbole verwendet werden. Bei größeren Schaltplänen werden die Energieversorgungsteile (Wartungseinheit, Absperrventil, verschiedene Verteileranschlüsse) zur Vereinfachung separat auf einer Seite der Zeichnung dargestellt.

Bild 4.4: Steuerkette

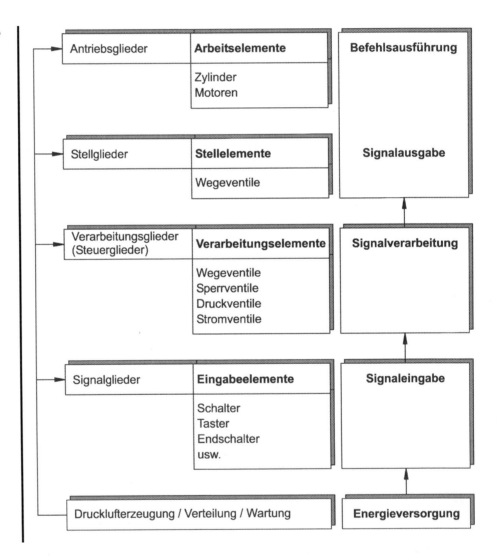

Wird ein Schaltplan in dieser schematischen Form dargestellt, spricht man von einem Systemschaltplan. Unabhängig von der tatsächlichen Verschlauchung der Anlage hat der Systemschaltplan immer denselben Aufbau.

4.4 Schaltplanerstellung

Die Kolbenstange eines doppeltwirkenden Zylinders soll bei kurzzeitiger Betätigung eines Drucktasters oder eines Pedals ausfahren.   *Problemstellung*

Nach Erreichen der vorderen Endlage soll die Kolbenstange in ihre Ausgangsstellung abluftgedrosselt zurückfahren, wenn inzwischen Drucktaster und Pedal freigegeben worden sind.

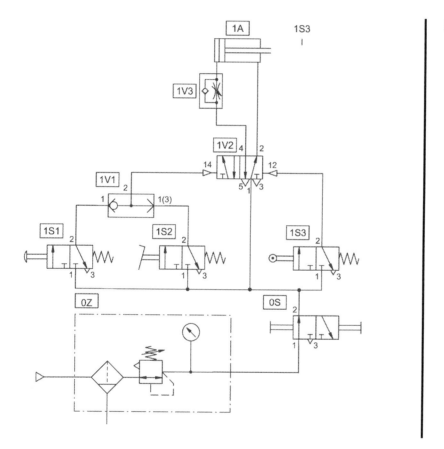

Bild 4.5: Schaltplan

Das Rollenhebelventil 1S3 ist als Grenztaster an der vorderen Endlage   *Lösung*
des Zylinders angeordnet. Der Schaltplan zeigt dieses Bauteil auf der Signaleingabeebene und nicht dessen Lage und Orientierung. Der Markierungsstrich auf dem Schaltplan an der Zylinderausfahrstellung zeigt die Lage des Grenztasters 1S3 für den Schaltbetrieb.

Wenn die Steuerung sehr umfangreich ist und verschiedene Arbeitselemente enthält, sollte sie in getrennte Steuerketten unterteilt werden, wobei man eine Kette pro Zylinder bildet.

Wenn möglich sollten diese Ketten in der gleichen Reihenfolge wie der Bewegungsablauf nebeneinander angeordnet werden.

4.5 Bauteilebezeichnung

Signalelemente sollten im Schaltplan in ihrer Ruhestellung dargestellt werden. Wenn Ventile in der Ausgangsstellung als Startvoraussetzung betätigt sind, so muss dies durch die Darstellung eines Schaltnockens angezeigt werden. In diesem Fall muss die betätigte Schaltstellung angeschlossen werden.

Bild 4.6: Ventil in Ausgangsstellung betätigt

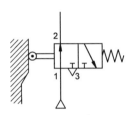

Bezeichnung durch Ziffern

Bei dieser Bezeichnungsart wird eine Gruppeneinteilung vorgenommen. Die Gruppe 0 enthält die Elemente der Energieversorgung, die Gruppen 1,2,... bezeichnen die einzelnen Steuerketten. Pro Zylinder wird normalerweise eine Gruppennummer vergeben.

Tabelle 4.1: Bezeichnung durch Buchstaben

0Z1, 0Z2, usw	Energieversorgung
1A, 2A, usw.	Arbeitselemente
1V1, 1V2, usw.	Stellelemente
1S1, 1S2, usw.	Eingabeelemente (manuell und mechanisch betätigte Ventile)

Bezeichnung durch Buchstaben

Angewendet wird diese Bezeichnungsart vor allem bei der methodischen Entwicklung von Schaltplänen. Grenztaster werden hier dem Zylinder zugeordnet, der sie bestätigt.

Tabelle 4.2: Bezeichnung durch Buchstaben

1A, 2A, usw.	Arbeitselemente
1S1, 2S1, usw.	Grenztaster, die in der hinteren Endlage der Zylinder 1A, 2A, ... betätigt werden
1S2, 2S2, usw.	Grenztaster, die in der vorderen Endlage der Zylinder 1A, 2A, ... betätigt werden

■ Die tatsächliche räumliche Anordnung der einzelnen Elemente wird nicht berücksichtigt.

■ Zylinder und Wegeventile sollten nach Möglichkeit waagerecht gezeichnet werden.

■ Der Energiefluss im Schaltkreis geht von unten nach oben.

■ Die Energiequelle kann in vereinfachter Form dargestellt werden.

■ Die einzelnen Elemente sollen in Ausgangsstellung bzw. Ruhestellung dargestellt werden. Betätigte Elemente sollen durch einen Schaltnocken gekennzeichnet werden.

■ Leitungen sollen gerade und möglichst ohne Kreuzungspunkte dargestellt werden.

Zusammenfassung

4.6 Lebenszyklus der pneumatischen Systeme

Die Entwicklung pneumatischer Systeme sollte anhand einer methodischen Vorgehensweise durchgeführt werden.

Der Ablaufplan zeigt den Zyklus von der Problemstellung bis zur Verbesserung eines realisierten Systems.

Bild 4.7: Lebenszyklus
eines pneumatischen
Systems

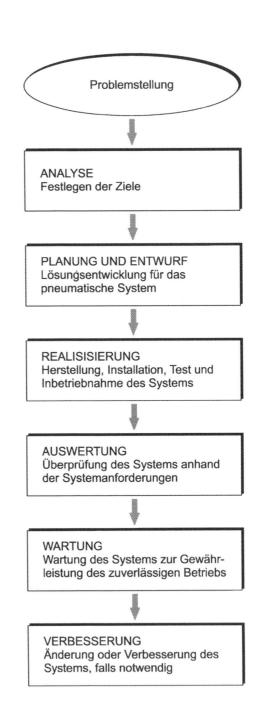

Der erste Schritt ist die Festlegung des gewünschten Ziels mit einer klaren Erläuterung der Problematik. Der Entwurf oder die Entwicklung der Lösung sind nicht Teil der Analysephase. Ein Flussdiagramm des gesamten Projektplanes kann entwickelt werden.

Analyse

Es gibt zwei Stufen bei der Entwurfsentwicklung:

Entwurf

Die erste Stufe ist ein allgemeiner Systementwurf, bei dem die Festlegungen über die Systemkomponenten und die Steuermedien getroffen werden. Es können zusätzlich Alternativlösungen in Betracht gezogen werden.

In der zweiten Stufe werden folgende Punkte durchgeführt:

- Entwerfen des pneumatischen Systems

- Entwicklung der Dokumentation

- Definition weiterer Anforderungen

- Festlegen der Zeitpläne für das Projekt

- Anfertigen der Stücklisten

- Durchführen einer Kostenrechnung

Das System muss vor der Installation komplett funktionsgetestet sein. Nach der endgültigen Installation muss nochmals ein Funktionstest erfolgen. Um sicherzustellen, dass das System voll funktionstüchtig ist, müssen alle zu erwartenden Betriebsbedingungen, wie z.B. manueller Zyklus, automatischer Zyklus, Not-Aus, Blockieren eines Bauteils etc. gefahren werden.

Realisierung

Sobald die Inbetriebnahme abgeschlossen ist, werden die Ergebnisse mit den Vorgaben verglichen und, wenn notwendig, Nachbesserungen durchgeführt.

Auswertung

Wartung   Die Wartung ist wichtig, um die Stillstandszeit eines Systems möglichst klein zu halten.

Bei regelmäßiger und sorgfältiger Wartung lässt sich die Zuverlässigkeit erhöhen, was zu einer Senkung der Betriebskosten führt.

Sollten nach einer längeren Betriebszeit Bauteile vorzeitig Anzeichen von Verschleiß zeigen, so kann dies auf folgende Gründe zurückzuführen sein:

- falsche Produktauswahl
- veränderte Betriebsbedingungen

Bei Wartungsarbeiten kann diese Tatsache festgestellt und die Gefahr eines Systemausfalls verhindert werden.

Systemverbesserung   Die Erfahrungen, die aus Betrieb, Wartung und Reparatur eines Systems gesammelt werden, sorgen bei eventuellen Systemverbesserungen für eine höhere Zuverlässigkeit.

Kapitel 5

Schaltungen mit einem Aktor

5.1 Direkte Zylindersteuerung

Die einfachste Ansteuerung für einfach- und doppeltwirkende Zylinder ist die direkte Zylindersteuerung. Hierbei wird der Zylinder direkt, ohne Zwischenschalten weiterer Wegeventile, über ein muskelkraftbetätigtes oder ein mechanisch betätigtes Ventil angesteuert. Sind die Anschlussgrößen und die Durchflusswerte des Ventils jedoch zu groß, so können die benötigten Betriebskräfte nicht mehr manuell aufgebracht werden.

Anhaltswerte für Grenzen der direkten Zylindersteuerung:

- Zylinder mit Kolbendurchmesser kleiner 40 mm
- Ventile mit Anschlussgrößen kleiner 1/4"

5.2 Beispiel 1: Direktes Ansteuern eines einfachwirkenden Zylinders

Problemstellung Ein einfachwirkender Zylinder mit 25 mm Kolbendurchmesser soll nach manuellem Betätigen eines Ventils ein Werkstück spannen. Der Zylinder soll, solange das Ventil betätigt ist, in der Spannstellung verharren. Wird das Ventil freigegeben, muss sich die Spannvorrichtung öffnen.

Bild 5.1: Lageplan

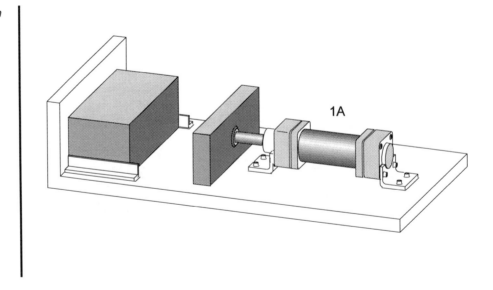

Zum Ansteuern des einfachwirkenden Zylinders wird ein 3/2-Wegeventil eingesetzt. Da der Zylinder in diesem Fall ein kleines Leistungsvermögen besitzt, wird ein muskelkraftbetätigtes 3/2-Wegeventil mit Federrückstellung eingesetzt.

Lösung

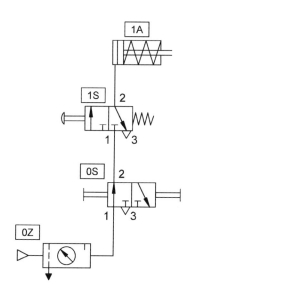

Bild 5.2: Schaltplan

Bei Betätigung des Drucktasters strömt Luft von Anschluss 1 nach 2 durch das Ventil 1S in den Kolbenraum des Zylinders 1A. Der sich aufbauende Druck bewegt den Kolben gegen die Kraft der Kolbenrückstellfeder nach vorn. Bei Freigabe des Drucktasters setzt die Ventilfeder das 3/2-Wegeventil wieder in Ausgangsstellung, die Kolbenstange fährt ein. Die Luft wird vom Zylinder zurückgeführt und über die Ventilöffnung 3 an die Umgebung abgeleitet. Da der Zylinder das einzige Arbeitselement des Schaltplanes ist, erhält er die Bezeichnung 1A.

Hinweis
In diesem und den folgenden Schaltplänen sind die Wartungseinheit (0Z) und das Einschaltventil (0S) mit eingezeichnet.

5.3 Übung 1: Direktes Ansteuern eines doppeltwirkenden Zylinders

Problemstellung Die Kolbenstange eines doppeltwirkenden Zylinders soll nach Betätigen eines Drucktasters ausfahren und nach Freigabe des Drucktasters wieder einfahren. Der Zylinder hat einen Durchmesser von 25 mm und benötigt eine geringe Luftmenge zur Ansteuerung.

Übung Zeichnen Sie den Schaltplan.

Bezeichnen Sie die Ventile und nummerieren Sie die Anschlüsse.

Bild 5.3: Lageplan

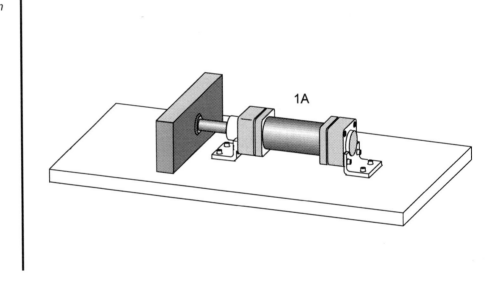

Wie reagiert der Zylinder, wenn der Drucktaster nach kurzer Betätigung   *Frage*
wieder losgelassen wird?

Beschreiben Sie die Funktion anhand des Schaltplans.

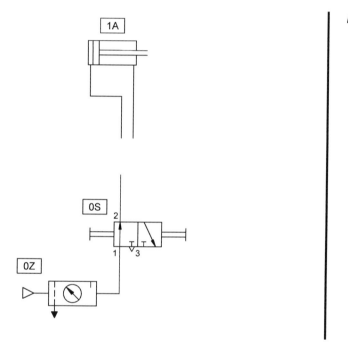

Bild 5.4: Schaltplan

5.4 Indirekte Zylindersteuerung

Zylinder mit einem großen Kolbendurchmesser haben einen hohen Luftbedarf. Zu ihrer Ansteuerung muss ein Stellelement mit hohem Nenndurchfluss eingesetzt werden. Sollte die Kraft für eine manuelle Betätigung des Ventils zu groß sein, so ist der Aufbau einer indirekten Ansteuerung durchzuführen. Dabei wird durch ein zweites kleineres Ventil ein Signal erzeugt, welches dann die zum Schalten des Stellelements notwendige Kraft zur Verfügung stellt.

5.5 Beispiel 2: Indirektes Ansteuern eines einfachwirkenden Zylinders

Problemstellung Ein einfachwirkender Zylinder mit großem Kolbendurchmesser soll nach Betätigen eines Drucktaster ein Werkstück spannen. Der Zylinder soll nach Freigabe des Drucktasters wieder einfahren.

Bild 5.5: Lageplan

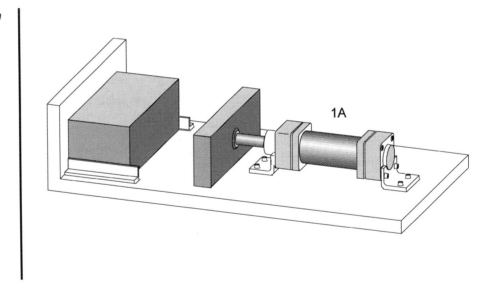

In der Ausgangsstellung ist die Kolbenstange des einfachwirkenden Zylinders 1A eingefahren. Zum Ansteuern des Zylinders wird ein federrückgestelltes 3/2-Wege-Pneumatikventil eingesetzt. Der Anschluss 1 des Ventils 1V ist gesperrt, der Anschluss 2 ist über den Anschluss 3 an die Umgebung entlüftet.

Lösung

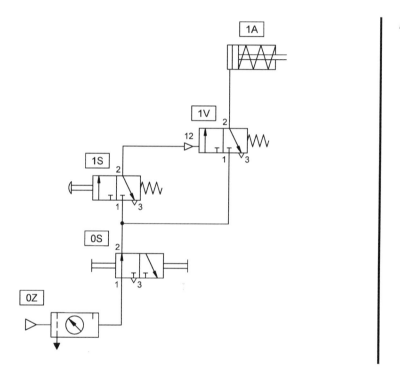

Bild 5.6: Schaltplan

Das Ventil 1S wird durch Betätigen des Drucktasters auf Durchgang geschaltet und somit der Steueranschluss 12 des Stellelements 1V mit Druck beaufschlagt. Das Stellelement wird daraufhin gegen die Federkraft betätigt und ebenfalls auf Durchgang geschaltet. Der sich aufbauende Druck am Kolben des Zylinders sorgt für ein Ausfahren der Kolbenstange des einfachwirkenden Zylinders. Das Signal an Leitung 12 bleibt erhalten, solange der Drucktaster betätigt ist. Hat die Kolbenstange ihre Endlage erreicht, so wird diese Position erst wieder verlassen, wenn der Drucktaster freigegeben wird.

Bei Freigabe des Drucktasters geht das Ventil 1S in seine Ausgangsstellung. Der Steueranschluss 12 des Stellelements 1V wird an die Umgebung entlüftet und das anstehende Signal gelöscht. Das Stellelement geht ebenfalls in seine Ausgangsstellung zurück. Die Kolbenrückstellfeder bewirkt das Einfahren der Kolbenstange. Der Kolbenraum wird über das Stellelement an die Umgebung entlüftet.

5.6 Übung 2: Indirektes Ansteuern eines doppeltwirkenden Zylinders

Problemstellung Ein doppeltwirkender Zylinder soll nach Betätigen eines Drucktasters ausfahren und nach dessen Freigabe wieder einfahren. Der Zylinder hat einen Durchmesser von 250 mm und somit einen hohen Luftbedarf.

Übung Zeichnen Sie den Schaltplan.

Bezeichnen Sie die Ventile und nummerieren Sie die Anschlüsse.

Bild 5.7: Lageplan

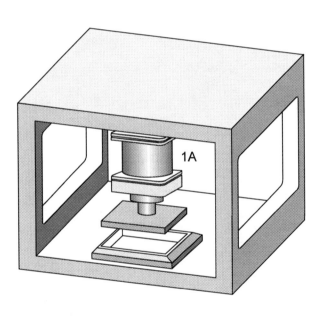

Wie reagiert der Zylinder, wenn der Drucktaster nach kurzer Betätigung   *Frage*
wieder losgelassen wird?

Beschreiben Sie die Funktion anhand des Schaltplans.

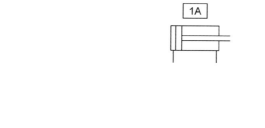

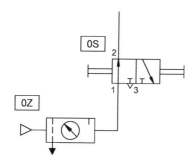

Bild 5.8: Schaltplan

5.7 Logische UND-/ODER-Funktionen

Beschreiben Sie die Funktion anhand des Schaltplans. Wechselventile und Zweidruckventile werden als logische Bauelemente (Prozessoren) eingesetzt. Beide besitzen je zwei Eingänge und einen Ausgang. Der Ausgang am Wechselventil (ODER-Glied) wird geschaltet, wenn mindestens ein Eingangssignal (1 oder 1(3)) gesetzt ist. Der Ausgang am Zweidruckventil (UND-Glied) wird geschaltet, wenn beide Eingangssignale (1 und 1(3)) gesetzt sind.

5.8 Beispiel 3: Die UND-Funktion

Problemstellung   Die Kolbenstange eines doppeltwirkenden Zylinders soll ausfahren, wenn das 3/2-Wege-Rollenhebelventil 1S2 betätigt ist und der Drucktaster des 3/2-Wegeventils 1S1 gedrückt wird. Der Zylinder soll in die Ausgangsstellung zurückfahren, wenn der Rollenhebel oder der Drucktaster freigegeben werden.

Bild 5.9: Schaltplan

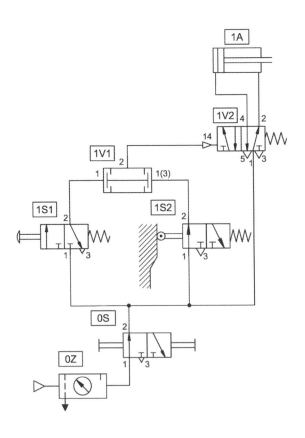

Die Eingänge 1 und 1(3) des Zweidruckventils 1V1 sind mit den Arbeits-   *Lösung*
anschlüssen 2 der Ventile 1S1 und 1S2 verbunden. Das 3/2-Wege-
Rollenhebelventil 1S2 wird durch das Einlegen eines Werkstückes betätigt und erzeugt dann an einem Eingang des Zweidruckventils ein Signal. Da nur ein Eingang angesteuert wird, ist die UND-Bedingung nicht
erfüllt und der Ausgang des Zweidruckventils bleibt gesperrt.

Wird jetzt noch der Drucktaster des 3/2-Wegeventils 1S1 betätigt, so
liegt am zweiten Eingang ebenfalls ein Signal an, die UND-Bedingung
ist erfüllt und am Ausgang 2 des Zweidruckventils wird ein Signal erzeugt. Das 5/2-Wege-Pneumatikventil 1V2 schaltet, die Kolbenseite des
Zylinders wird mit Druck beaufschlagt, und die Kolbenstange fährt aus.

Wird eines der beiden Ventile 1S1 oder 1S2 nicht mehr betätigt, ist die
UND-Bedingung nicht mehr erfüllt und das Signal am Ausgang des
Zweidruckventils wird gelöscht. Der Signaldruck am Steueranschluss 14
des Stellelements 1V2 wird über das zurückgesetzte Ventil 1S1 oder
1S2 an die Umgebung entlüftet. Das Stellelement 1V2 schaltet zurück.
Der sich aufbauende Druck auf der Kolbenstangenseite sorgt für das
Einfahren der Kolbenstange.

Als Alternativlösung für das Zweidruckventil kann die Reihenschaltung
von zwei 3/2-Wegeventilen angesehen werden. Der Signalfluss geht
über das Drucktasterventil 1S1 und das Rollenhebelventil 1S2 zum
Stellelement 1V2. Das Stellelement schaltet nur dann, wenn die UND-
Bedingungung erfüllt ist, d.h. wenn beide Ventile 1S1 und 1S2 betätigt
sind. Bei Freigabe eines Ventils wird das Signal am Stellelement gelöscht, die Kolbenstange fährt ein.

Bild 5.10: Schaltplan

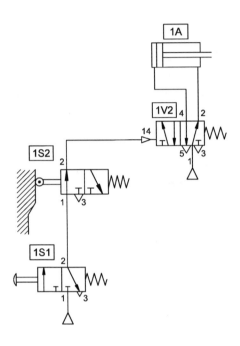

Hinweis In diesem Schaltplan ist eine vereinfachte Darstellung ohne Wartungseinheit und Einschaltventil gewählt.

5.9 Übung 3: Die UND-Funktion

Die Kolbenstange des Zylinders 1A soll nur dann ausfahren, wenn ein Werkstück in der Werkstückaufnahme liegt, ein Schutzkorb abgesenkt ist und ein Drucktasterventil vom Bediener betätigt wird. Nach Freigabe des Drucktasterventils oder wenn der Schutzkorb nicht mehr in seiner unteren Position ist, fährt Zylinder 1A in seine Ausgangsstellung zurück.

Problemstellung

Zeichnen Sie den Schaltplan.

Bezeichnen Sie die Ventile und nummerieren Sie die Anschlüsse.

Übung

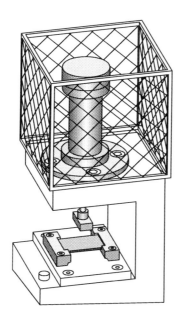

Bild 5.11: Lageplan

Frage   Wie reagiert der Zylinder, wenn der Drucktaster nach kurzer Betätigung wieder losgelassen wird?

Beschreiben Sie die Funktion anhand des Schaltplans.

Bild 5.12: Schaltpaln

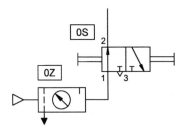

5.10 Beispiel 4: Die ODER-Funktion

Die Kolbenstange eines doppeltwirkenden Zylinders soll bei Betätigen eines von zwei Drucktastern ausfahren. Nach Freigabe des betätigten Drucktasters soll die Kolbenstange wieder einfahren.

Problemstellung

Bild 5.13: Schaltplan

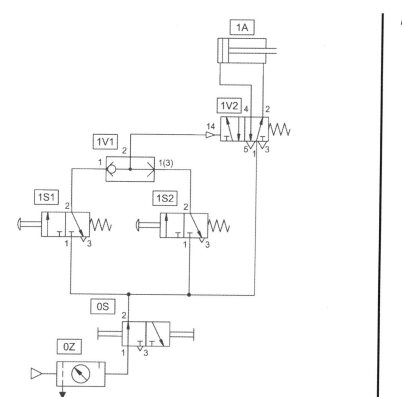

Die Eingänge 1 und 1(3) des Wechselventils 1V1 sind mit den Arbeits- *Lösung* anschlüssen der beiden 3/2-Wegeventile 1S1 und 1S2 verbunden. Bei Betätigung von einem der beiden Drucktaster wird das zugehörige Ventil 1S1 oder 1S2 auf Durchgang geschaltet und an einem Eingang des Wechselventils ein Signal erzeugt. Die ODER-Bedingung ist erfüllt, und das Eingangssignal wird an den Ausgang 2 des Wechselventils weitergeleitet. Ein Entweichen des Signaldrucks über die Entlüftung des unbetätigten Ventils wird durch ein Sperren der Leitung im Wechselventil verhindert. Das Signal bewirkt ein Schalten des Stellelements 1V2. Die Kolbenseite des Zylinders wird mit Druck beaufschlagt, und die Kolbenstange fährt aus.

Nach Freigabe des betätigten Drucktasters wird der Signaldruck über die Ventile 1S1 und 1S2 abgebaut und das Stellelement schaltet in seine Ausgangsstellung zurück. Der sich nun aufbauende Druck auf der Kolbenstangenseite sorgt für ein Einfahren der Kolbenstange.

Erweiterung der Problemstellung

Ein Impulsventil soll als Stellelement für den Zylinder benutzt werden. Zusätzlich soll ein 3/2-Wege-Rollenhebelventil als Grenztaster zur Abfrage der vorderen Endlage der Kolbenstange eingesetzt werden.

Bild 5.14: Schaltplan

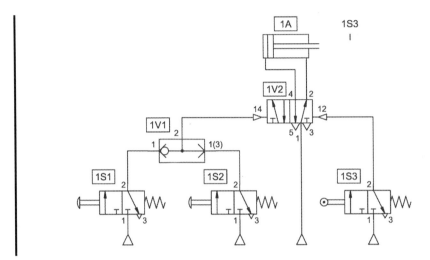

Einer der Drucktaster muss nur kurz betätigt werden, um ein Ausfahren der Kolbenstange zu bewirken, da die Wirkung des Signals am Eingang 14 des 5/2-Wege-Impulsventils 1V2 erhalten bleibt, bis ein Signal am Eingang 12 anliegt. Sobald die Kolbenstange die vordere Endlage erreicht hat, erzeugt der Grenztaster 1S3 ein Signal am Eingang 12, und das Ventil 1V2 wird umgeschaltet. Auch die hintere Endlage der Kolbenstange kann abgefragt werden. Dazu wird ein zweiter Grenztaster benötigt.

Bild 5.15: Schaltplan

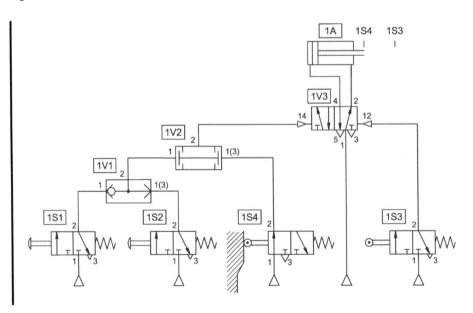

Der zusätzliche Einbau des Zweidruckventils 1V2 und des Grenztasters 1S4 stellen sicher, dass die Kolbenstange in die hintere Endlage gefahren ist, bevor sie wieder ausfahren kann. Bedingung für ein erneutes Ausfahren der Kolbenstange ist die Betätigung eines der Ventile 1S1 oder 1S2 und des Grenztasters 1S4. Nach Erreichen der vorderen Endlage (Grenztaster 1S3) fährt die Kolbenstange auch dann ein, wenn die Ventile 1S1 und 1S2 noch betätigt sind, denn der Grenztaster 1S4 ist nicht betätigt.

5.11 Übung 4: Die ODER-Funktion

Ein doppeltwirkender Zylinder wird zur Entnahme von Teilen aus einem Magazin verwendet. Die Kolbenstange des Zylinders fährt bei kurzzeitiger Betätigung eines Drucktasters oder eines Pedals bis zur Endposition aus. Nach Erreichen der Endposition fährt die Kolbenstange wieder ein. Zur Ermittlung der Endposition soll ein 3/2-Wege-Rollenhebelventil eingesetzt werden.

Problemstellung

Zeichnen Sie den Schaltplan.

Übung

Bezeichnen Sie die Ventile und nummerieren Sie die Anschlüsse.

Bild 5.16: Lageplan

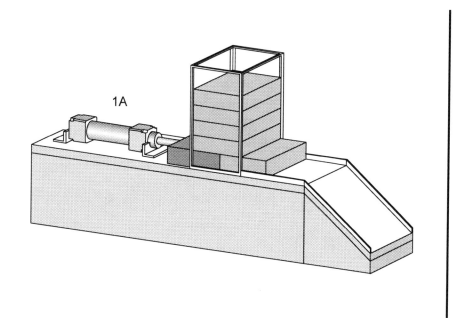

Frage   Wie reagiert der Zylinder, wenn der Drucktaster oder das Pedal nach kurzer Betätigung wieder losgelassen werden?

Beschreiben Sie die Funktion anhand des Schaltplans.

Bild 5.17: Schaltplan

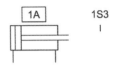

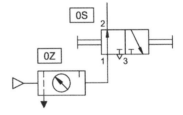

5.12 Beispiel 5: Speicherschaltung und Geschwindigkeits- steuerung eines Zylinders

Die Kolbenstange eines doppeltwirkenden Zylinders soll bei manuellem Betätigen eines 3/2-Wegeventils ausfahren. Die Kolbenstange soll in ihrer Ausfahrposition verharren, bis ein zweites Ventil betätigt wird. Das Signal des zweiten Ventils kann erst nach der Freigabe des ersten Ventils wirken. Nach Betätigen des zweiten Ventils fährt die Kolbenstange wieder in ihre Ausgangsposition zurück und verharrt dort, bis ein neues Startsignal erzeugt wird. Die Kolbengeschwindigkeit soll in beide Richtungen einstellbar sein.

Problemstellung

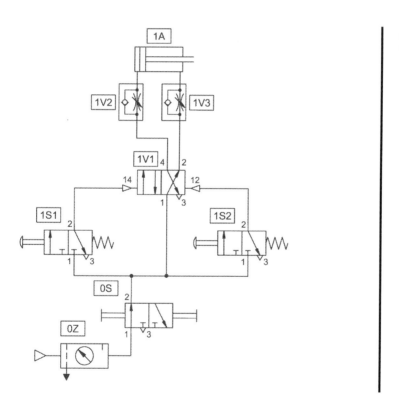

Bild 5.18: Schaltplan mit 4/2-Wege-Impulsventil

Lösung   Die eingesetzten 4/2- oder 5/2-Wege-Impulsventile speichern den Schaltzustand. Der Schaltzustand bleibt solange erhalten, bis ein neues Schaltsignal die Ventilstellung ändert. Diese Eigenschaft ist unabhängig von der Zeitdauer, die das Signal am Schaltventil anliegt.

An den Drosselrückschlagventilen lässt sich über den einstellbaren Volumenstrom die Geschwindigkeit der Kolbenstange steuern. Da jeweils der verdrängte Luftstrom gedrosselt wird, handelt es sich hier um eine Abluftdrosselung.

Bild 5.19: Schaltplan mit 5/2-Wege-Impulsventil

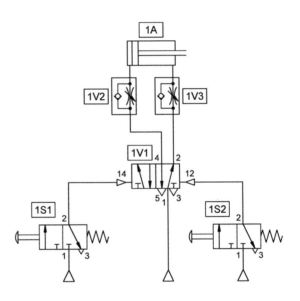

In der Ausgangsstellung ist das Stellelement 1V1 so geschaltet, dass die Kolbenstangenseite des Zylinders mit Druck beaufschlagt ist und sich der Zylinder im eingefahrenen Zustand befindet.

Bei Betätigen des Drucktasters schaltet das Ventil 1S1 auf Durchgang, so dass nun ein Signal am Steueranschluss 14 des Stellelements 1V1 anliegt. Das Stellelement 1V1 schaltet um, die Kolbenseite des Zylinders wird mit Druck beaufschlagt, die Kolbenstange fährt aus. Während die Zuluft ohne Widerstand das Drosselrückschlagventil 1V2 durchströmt, wird die auf der Kolbenstangenseite verdrängte Luft über das Drosselrückschlagventil 1V3 gedrosselt. Die Ausfahrgeschwindigkeit der Kolbenstange wird dabei reduziert. Wird das Ventil 1S1 freigegeben, so bleibt der Schaltzustand des Ventils 1V1 erhalten, da es sich um ein speicherndes Ventil handelt. Bei Betätigen des Ventil 1S2 wird ein Signal am Steueranschluss 12 des Stellelements erzeugt. Das Ventil schaltet um, die Kolbenstangenseite des Zylinders wird mit Druck beaufschlagt, und die Kolbenstange fährt ein. Die Drosselung der Abluft erfolgt über das Drosselrückschlagventil 1V2. Bei Freigabe des Ventils 1S2 bleibt die Schaltstellung des Stellelements 1V1 aufgrund seines Speicherverhaltens erhalten.

Die Rückschlagfunktion der Drosselrückschlagventile sorgt für eine ungehinderte Zuführung der Druckluft. Die Drossel beeinflusst den Volumenstrom der Abluft und reduziert somit die Kolbengeschwindigkeit. Aufgrund der unterschiedlichen zu verdrängenden Luftvolumina auf der Kolbenseite und der Kolbenstangenseite müssen die Drosseln unterschiedlich eingestellt werden, um dieselbe Ein- und Ausfahrgeschwindigkeit zu erzielen.

5.13 Übung 5: Speicherschaltung und Geschwindigkeitssteuerung

Problemstellung Zur Entnahme von Teilen aus einem Magazin soll die Kolbenstange eines doppeltwirkenden Zylinders nach Betätigen eines Drucktasters bis zur Endposition ausfahren und danach automatisch wieder einfahren. Das Erreichen der Endposition soll durch ein Rollenhebelventil erfasst werden. Das Ausfahren der Kolbenstange soll nach Freigabe des Drucktasters nicht beendet werden. Die Kolbengeschwindigkeit soll in beide Bewegungsrichtungen einstellbar sein.

Übung Zeichnen Sie den Schaltplan.

Bezeichnen Sie die Ventile und nummerieren Sie die Anschlüsse.

Bild 5.20: Lageplan

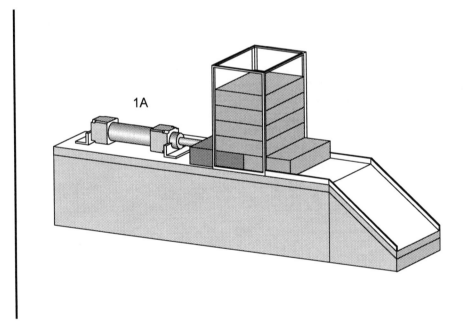

Wie wirkt es sich auf die Bewegung der Kolbenstange aus, wenn der Drucktaster betätigt bleibt, nachdem die Kolbenstange die Endposition erreicht hat?

Fragen

Wie wirkt es sich auf den Ausfahrhub aus, wenn das Rollenhebelventil an der Hubmittelstellung der Kolbenstange angebracht wird?

Beschreiben Sie den Ausgangszustand des Systems.

Beschreiben Sie die Funktion anhand des Schaltplans.

Bild 5.21: Schaltplan

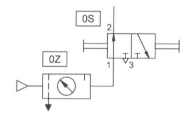

5.14 Übung 6: Das Schnellentlüftungsventil

Problemstellung Durch das gemeinsame Betätigen von einem manuell betätigten Ventil und einem Rollenhebelventil fährt der Stempel einer Abkantvorrichtung aus und kantet Flachmaterial ab. Der Stempel wird durch einen doppeltwirkenden Zylinder angetrieben. Zur Erhöhung der Ausfahrgeschwindigkeit soll ein Schnellentlüftungsventil eingesetzt werden. Die Einfahrgeschwindigkeit soll einstellbar sein. Bei Freigabe eines der beiden Ventile fährt der Stempel in seine Ausgangsposition zurück.

Übung Zeichnen Sie den Schaltplan.

Bezeichnen Sie die Ventile und nummerieren Sie die Anschlüsse.

Bild 5.22: Lageplan

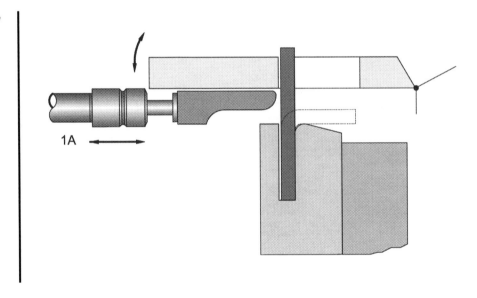

Wie reagiert der Zylinder, wenn der Drucktaster nach Betätigung wieder losgelassen wird?

Frage

Beschreiben Sie die Funktion anhand des Schaltplans.

Bild 5.23: Schaltplan

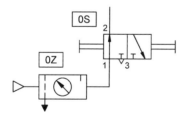

5.15 Beisspiel 6: Druckabhängige Steuerung

Problemstellung Ein Werkstück wird mit einem Prägestempel, der von einem doppeltwirkenden Zylinder angetrieben wird, geprägt. Der Prägestempel soll beim Betätigen eines Drucktasters ausfahren und das Teil prägen. Nach dem Erreichen eines voreingestellten Druckwerts soll der Prägestempel automatisch einfahren. Der maximale Prägedruck soll einstellbar sein.

Bild 5.24: Lageplan

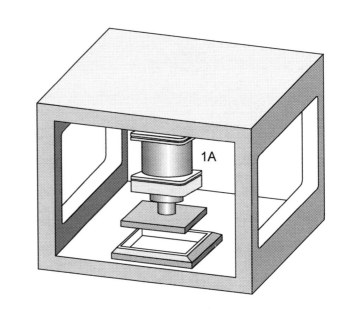

Lösung Steht bei der Inbetriebnahme die Kolbenstange nicht in ihrer Ausgangsposition, so muss zuerst ein Richtvorgang durchgeführt werden. Dies geschieht durch manuelle Betätigung des 5/2-Wege-Impulsventils (mit Handhilfsbetätigung).

In der Ausgangsstellung sind alle Ventile unbetätigt, die Kolbenstangenseite des Zylinders ist mit Druck beaufschlagt, und die Kolbenstange bleibt in eingefahrenem Zustand.

Bei Betätigen des Drucktasters schaltet das Ventil 1S auf Durchgang, und ein Signal liegt am Steueranschluss 14 des Impulsventils 1V2 an. Das Ventil 1V2 schaltet um, die Kolbenseite des Zylinders wird mit Druck beaufschlagt, und die Kolbenstange fährt aus. Der Schaltzustand des Impulsventils 1V2 bleibt erhalten, wenn der Drucktaster 1S freigegeben wird. Erreicht die Kolbenstange das Werkstück, so wird die Bewegung gestoppt, und der Druck auf der Kolbenseite beginnt anzusteigen. Der ansteigende Druck bewirkt eine zunehmende Kraft des Prägestempels.

Der Steueranschluss 12 des Druckschaltventils 1V1 ist mit der Druckleitung auf der Kolbenseite des Zylinders 1A verbunden. Erreicht der
Druck im Zylinder den am Druckschaltventil eingestellten Wert, so schaltet das 3/2-Wegeventil. Am Steueranschluss 12 des Ventils 1V2 liegt
nun ein Signal an. Das Ventil 1V2 schaltet um, die Kolbenstangenseite
des Zylinders wird mit Druck beaufschlagt, die Kolbenstange fährt ein.
Beim Einfahren wird der eingestellte Schaltdruck am Druckschaltventil
unterschritten, und das Druckschaltventil schaltet in seine Ausgangsstellung zurück.

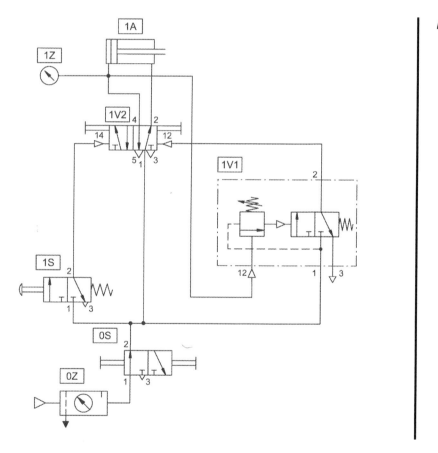

Bild 5.25: Schaltplan

Der eingestellte Schaltdruck am Druckschaltventil muss kleiner als der
Systemdruck sein, um ein zuverlässiges Umschalten zu gewährleisten.

Sollte die ausfahrende Kolbenstange auf ein Hindernis treffen, so wird
sie vor dem Erreichen der Prägeposition wieder einfahren.

5.16 Übung 7: Druckabhängige Steuerung: Prägen von Werkstücken

Problemstellung Ein Werkstück wird mit einem Prägestempel, der von einem doppeltwirkenden Zylinder angetrieben wird, geprägt. Nach dem Erreichen eines voreingestellten Druckwerts soll der Prägestempel automatisch einfahren. Das Erreichen der Prägeposition soll von einem Rollenhebelventil erfasst werden. Das Signal zum Einfahren darf nur dann erfolgen, wenn die Kolbenstange die Prägeposition erreicht hat. Der Druck im Kolbenraum wird durch ein Manometer angezeigt.

Übung Zeichnen Sie den Schaltplan.

Bezeichnen Sie die Ventile und nummerieren Sie die Anschlüsse.

Bild 5.26: Lageplan

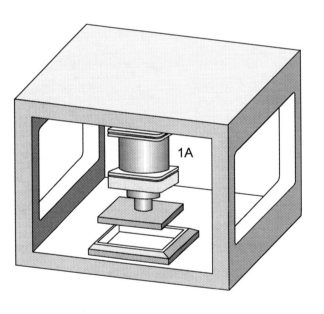

Wie reagiert der Zylinder, wenn der Drucktaster nach kurzer Betätigung wieder losgelassen wird?

Frage

Beschreiben Sie die Funktion anhand des Schaltplans.

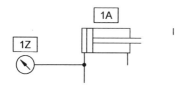

Bild 5.27: Schaltplan

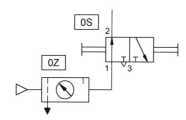

5.17 Beispiel 7: Das Zeitverzögerungsventil

Problemstellung Ein doppeltwirkender Zylinder wird zum Pressen und Kleben von Bauteilen verwendet. Durch Betätigen eines Drucktasters fährt die Kolbenstange des Presszylinders langsam aus. Ist die Pressposition erreicht, so soll die Presskraft für eine Zeit von ca. 6 Sekunden aufrecht erhalten werden. Nach Ablauf dieser Zeit fährt die Kolbenstange automatisch in ihre Ausgangsstellung zurück. Die Einfahrgeschwindigkeit soll einstellbar sein. Ein erneuter Start ist nur dann möglich, wenn sich die Kolbenstange in ihrer Ausgangsposition befindet.

Bild 5.28: Lageplan

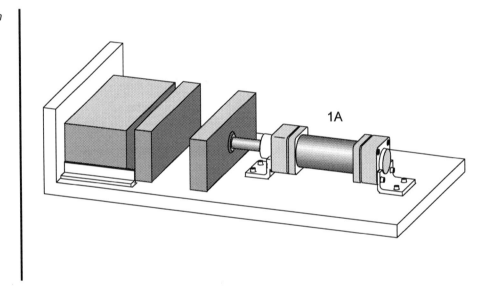

Lösung Steht bei der Inbetriebnahme die Kolbenstange nicht in ihrer Ausgangsposition, so muss zuerst ein Richtvorgang durchgeführt werden. Dies geschieht durch manuelle Betätigung des 5/2-Wege-Impulsventils (mit Handhilfsbetätigung).

In der Ausgangsstellung sind alle Ventile mit Ausnahme des Rollenhebelventils 1S2 (Grenztaster) unbetätigt. Die Kolbenstangenseite des Zylinders ist mit Druck beaufschlagt und die Kolbenstange bleibt in eingefahrenem Zustand.

Als Startbedingung müssen das Ventil 1S1 und der Grenztaster 1S2 betätigt sein. Der Grenztaster 1S2 ist nur dann betätigt, wenn sich die Kolbenstange in ihrer Ausgangsposition befindet. Ist die Startbedingung erfüllt, so wird das Zweidruckventil 1V1 auf Durchgang geschaltet, und am Steueranschluss 14 des Impulsventils 1V3 liegt ein Signal an. Das Ventil 1V3 schaltet um, die Kolbenseite des Zylinders wird mit Druck beaufschlagt, die Kolbenstange fährt aus. Die Ausfahrgeschwindigkeit ist von der Einstellung des Drosselrückschlagventils 1V5 (Abluftdrosselung) abhängig. Nach einem kurzen Ausfahrweg gibt die Kolbenstange den Grenztaster 1S2 frei.

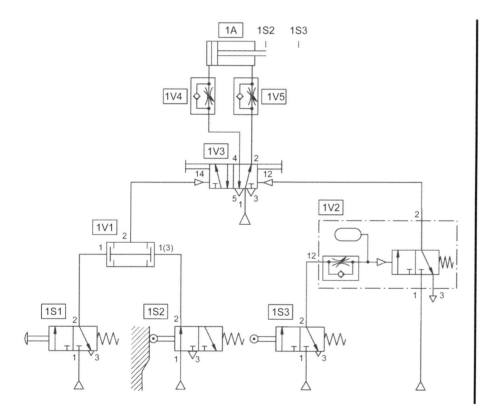

Bild 5.29: Schaltplan

Daraufhin ist die UND-Bedingung am Zweidruckventil 1V1 nicht mehr erfüllt und das Signal am Steueranschluss 14 des Impulsventils 1V3 wird gelöscht, wobei dessen Schaltstellung (speichernd) sich nicht ändert. Ein erneutes Betätigen des Ventils 1S1 ist nun wirkungslos, bis das System seinen Ausgangszustand wieder erreicht hat. Bei Erreichen der Pressposition wird der Grenztaster 1S3 betätigt. Über das integrierte Drosselrückschlagventil beginnt sich der Luftbehälter im Zeit-Verzögerungsventil 1V2 zu füllen. Die Geschwindigkeit des Druckanstiegs ist von der Einstellung der integrierten Drossel abhängig. Ist der Druck ausreichend hoch, so schaltet das 3/2-Wegeventil, und am Steuereingang 12 des Impulsventils 1V3 liegt ein Signal an. Das Ventil 1V3 schaltet um, die Kolbenstangenseite des Zylinders wird mit Druck beaufschlagt, die Kolbenstange fährt ein. Die Einfahrgeschwindigkeit ist von der Einstellung des Drosselrückschlagventils 1V4 abhängig.

Beim Einfahren schaltet der Grenztaster 1S3 um, und der Luftbehälter des Zeitverzögerungsventils 1V2 wird über das Rückschlagventil und den Grenztaster 1S3 an die Umgebung entlüftet. Als Folge schaltet das 3/2-Wegeventil des Zeit-Verzögerungsventils in seine Ausgangsstellung. Daraufhin wird das Signal am Steueranschluss 12 des Impulsventils 1V3 gelöscht.

Erreicht die Kolbenstange ihre Ausgangsposition, so wird der Grenztaster 1S2 betätigt und ein neuer Zyklus kann gestartet werden.

5.18 Übung 8: Das Zeitverzögerungsventil

Ein doppeltwirkender Zylinder wird zum Pressen und Kleben von Bauteilen verwendet. Durch Betätigen eines Drucktasters fährt die Kolbenstange des Presszylinders langsam aus. Ist die Pressposition erreicht, so soll die Presskraft für einen Zeitraum von ca. 6 Sekunden aufrecht erhalten werden. Nach Ablauf dieser Zeit fährt die Kolbenstange automatisch in ihre Ausgangsstellung zurück. Ein erneuter Start ist nur dann möglich, wenn sich die Kolbenstange in ihrer Ausgangsposition befindet. Der Start eines neuen Zyklus soll für einen Zeitraum von ca. 5 Sekunden gesperrt bleiben. Diese Zeit wird zum Entfernen des gefertigten Teils und zum Einlegen neuer Bauteile benötigt. Die Einfahrgeschwindigkeit soll schnell, jedoch einstellbar sein.

Problemstellung

Zeichnen Sie den Schaltplan.

Bezeichnen Sie die Ventile und nummerieren Sie die Anschlüsse.

Übung

Bild 5.30: Lageplan

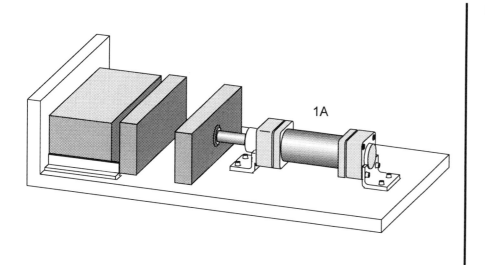

1A

Frage   Wie reagiert der Zylinder, wenn der Drucktaster nach kurzer Betätigung
wieder losgelassen wird?

Beschreiben Sie die Funktion anhand des Schaltplans.

Bild 5.31: Schaltplan

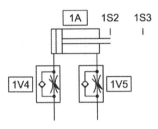

Kapitel 6

Schaltungen mit mehreren Aktoren

102

Kapitel A-6

6.1 Steuerung mit mehreren Aktoren

Für die Realisierung von Schaltungen mit mehreren Zylindern ist eine übersichtliche Darstellung der Aufgabe wichtig. Der Bewegungsablauf der einzelnen Arbeitselemente wird zusammen mit den Start- bzw. Umschaltbedingungen im Weg-Schritt-Diagramm dargestellt.

Nach der Festlegung des Bewegungsablaufs und der Schaltbedingungen wird der Schaltplan entworfen. Der Entwurf des Schaltplans sollte nach den in Kapitel A-4 aufgeführten Richtlinien erfolgen.

Für den Betrieb einer Schaltung ist es notwendig, dass Signalüberschneidungen vermieden werden. Unter einer Signalüberschneidung versteht man das gleichzeitige Anliegen von Signalen an den beiden Steueranschlüssen eines Impulsventils. Zur Beseitigung von Signalüberschneidungen können Kipprollen- oder Kipphebelventile, Zeit-Verzögerungsventile, Umschaltventile oder Taktstufenketten eingesetzt werden.

Zum besseren Verständnis der Methoden werden Beispiele für den Einsatz von Kipprollenventilen und Umschaltventilen aufgeführt.

6.2 Beispiel 8: Koordinierte Bewegung

Problemstellung Zur Übergabe von Teilen aus einem Magazin auf eine Rutsche werden zwei doppeltwirkende Zylinder eingesetzt. Nach Betätigung eines Drucktasters schiebt der erste Zylinder das Teil aus dem Magazin. Der zweite Zylinder befördert das Teil hinterher auf die Rutsche. Nach beendeter Übergabe fährt zuerst der erste und danach der zweite Zylinder ein.

Für einen sicheren Transport der Teile müssen die Ausgangs- und Endpositionen der Kolbenstangen erfasst werden.

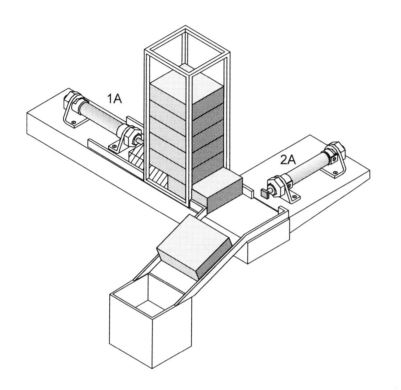

Bild 6.1: Lageplan

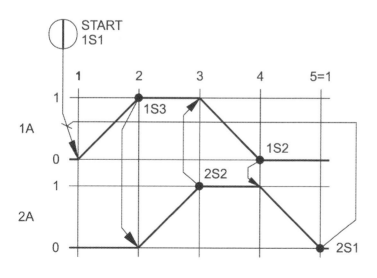

Bild 6.2: Weg-Schritt-Diagramm

Bild 6.3: Schaltplan:
Ausgangsstellung

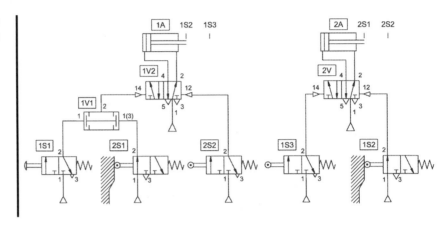

Lösung Zur Erfassung der Ein- und Ausfahrpositionen der Kolbenstangen werden Rollenhebelventile als Grenztaster eingesetzt. Die manuelle Signaleingabe erfolgt über ein 3/2-Wegeventil.

In der Ausgangsstellung befinden sich beide Zylinder in eingefahrenem Zustand, die Grenztaster 2S1 und 1S2 sind betätigt.

Als Startbedingung für einen Zyklus gilt: Grenztaster 2S1 und Drucktaster 1S1 müssen betätigt sein.

Der Bewegungszyklus lässt sich aus dem Weg-Schritt-Diagramm ermitteln und unterteilt sich in folgende Schritte:

1. Schritt	1S1 und 2S1 betätigt	⇒	Zylinder 1A fährt aus
2. Schritt	1S3 betätigt	⇒	Zylinder 2A fährt aus
3. Schritt	2S2 betätigt	⇒	Zylinder 1A fährt ein
4. Schritt	1S2 betätigt	⇒	Zylinder 2A fährt ein
5. Schritt	2S1 betätigt	⇒	Ausgangsstellung

1. Nach Betätigen des Drucktasters 1S1 schaltet das 5/2-Wege-Impulsventil 1V2, die Kolbenstange des Zylinders 1A fährt aus. Das Teil wird aus dem Magazin geschoben.

2. Bei Erreichen der vorderen Endlage von Zylinder 1A wird der Grenztaster 1S3 betätigt. Daraufhin schaltet das 5/2-Wege-Impulsventil 2V und die Kolbenstange des Zylinders 2A fährt aus. Das Teil wird auf die Rutsche geschoben.

3. Erreicht der Zylinder 2A seine vordere Endlage, so wird der Grenztaster 2S2 geschaltet. Dieses bewirkt ein Umschalten des Stellelements 1V2 und die Kolbenstange des Zylinders 1A fährt ein.

4. Ist die hintere Endlage des Zylinders 1A erreicht, so wird der Grenztaster 1S2 geschaltet und das Stellelement 2V schaltet um. Die Kolbenstange des Zylinders 2A fährt ein und betätigt bei Erreichen ihrer hinteren Endlage den Grenztaster 2S1.

5. Nun ist die Ausgangsstellung des Systems wieder erreicht. Durch Betätigen des Drucktasters 1S1 kann ein neuer Zyklus gestartet werden.

Bild 6.4: Darstellung der Schritte 1 bis 5

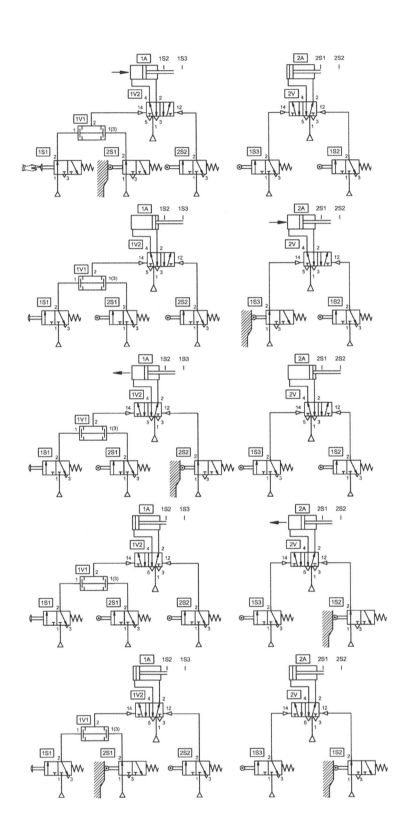

6.3 Beispiel 9: Signalüberschneidung

Liegen gleichzeitig zwei Signale an einem Impulsventil an, dann handelt es sich um eine Signalüberschneidung, die ein Umschalten des Ventils verhindert. Zur Lösung dieses Problems stehen mehrere Möglichkeiten zur Verfügung.

Problemstellung

Zuerst aber müssen die Signalüberschneidungspunkte erkannt werden.

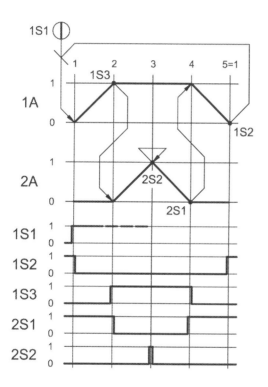

Bild 6.5: Weg-Schrittt-Diagramm mit Darstellung der Schaltzustände der Eingabeelemente

Wo treten Signalüberschneidungen auf?

Frage

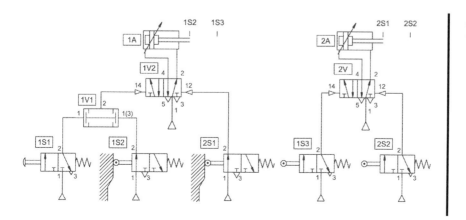

Bild 6.6: Schaltplan mit Signalüberschneidung

Lösung Signalüberschneidungen treten in den Schritten 1 und 3 auf. Am Steueranschluss 12 des Impulsventils 1V2 liegt in der Ausgangsstellung über den betätigten Grenztaster 2S1 ein Signal an. Wird der Drucktaster 1S1 betätigt, liegt auch am Steueranschluss 14 des Impulsventils 1V2 ein Signal an. Diese Signalüberschneidung lässt sich durch den Einsatz von Kipprollenventilen vermeiden. Diese Ventile werden von der Kolbenstange nur in einer Bewegungsrichtung betätigt und sind so angeordnet, dass die Betätigung kurz vor Erreichen der jeweiligen Anfangs- bzw. Endposition gelöst wird.

In Schritt 3 tritt eine Signalüberschneidung am Impulsventil 2V auf. Die ausgefahrene Kolbenstange des Zylinders 1A betätigt den Grenztaster 1S3. Die Kolbenstange des Zylinders 2A fährt aus und betätigt den Grenztaster 2S2, der das Signal zum sofortigen Einfahren der Kolbenstange auslöst. Ist der Grenztaster 1S3 zu diesem Zeitpunkt noch geschaltet, liegen am Impulsventil 2V zwei Signale gleichzeitig an und das Ventil kann nicht umschalten. Auch hier kann die Signalüberschneidung vermieden werden, wenn der Grenztaster 1S3 ein Kipprollenventil ist. Im Schaltplan wird an den Markierungsstrich der Grenztaster 2S1 und 1S3 ein Pfeil gezeichnet. Die Pfeilrichtung gibt an, in welcher Richtung das Überfahren des Kipprollenventils zu einer Betätigung führt. In Gegenrichtung erfolgt beim Überfahren keine Betätigung.

Bild 6.7: Schaltplan

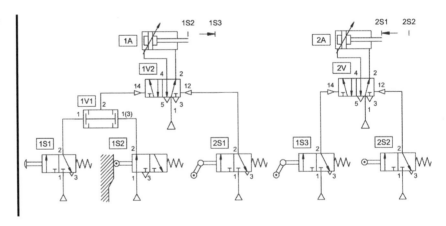

Signalüberschneidungen mit Kipprollenventilen zu beseitigen, hat folgende Nachteile:

- Die Endposition kann nicht genau abgefragt werden

- Durch Verschmutzung kann es zu Funktionsbeeinträchtigungen kommen

- Es sind keine schnellen Steuerungen möglich

6.4 Signalabschaltung mit dem Umschaltventil

Die Signalabschaltung mit Hilfe eines Umschaltventils ist eine weitere Methode zur Beseitigung von Signalüberschneidungen. Das Grundprinzip ist, ein Signal nur zu dem Zeitpunkt wirksam werden zu lassen, zu dem es benötigt wird. Dies kann man erreichen, indem man entweder das jeweilige Signal nach dem Eingabeelement über ein Ventil abschaltet, oder aber dem Eingabeelement nur dann Energie zuführt, wenn das Signal benötigt wird. Zur Umschaltung wird normalerweise ein Impulsventil verwendet.

6.5 Beispiel 10: Umschaltventil

An Stelle von Kipprollenventilen soll ein Umschaltventil zur Vermeidung von Signalüberschneidungen verwendet werden. Es ist notwendig, die Signale an den 5/2-Wege-Impulsventilen 1V und 2V, die Signalüberschneidungen hervorrufen, rechtzeitig zu löschen. Hierzu müssen die Druckzuleitungen der Grenztaster 2S1 und 1S3 noch bevor das Gegensignal anliegt entlüftet werden.

Problemstellung

Lösung Das Umschaltventil 0V versorgt die Leitungen P1 und P2 mit Druckluft oder entlüftet sie an die Umgebung. In Ausgangsstellung sind beide Kolbenstangen eingefahren, die Grenztaster 2S1 und 1S2 sind betätigt und die Steueranschlüsse 12 der 5/2-Wege-Impulsventile 1V und 2V sind mit Druck beaufschlagt.

Nach Betätigen des Drucktasters 1S1 schaltet das Umschaltventil 0V. Die Leitung P1 wird mit Druckluft versorgt, die Leitung P2 wird entlüftet. Der Grenztaster 2S1 bleibt zwar noch betätigt, aber der Steueranschluss 12 des Ventils 1V ist drucklos. Der Steueranschluss 14 des Ventils 1V wird mit Druck beaufschlagt, das Ventil schaltet um. Die Kolbenstange des Zylinders 1A fährt aus. Dadurch wird der Grenztaster 1S2 gelöst und der Steueranschluss 14 des Umschaltventils 0V entlüftet.

Bei Erreichen der Endposition wird der Grenztaster 1S3 betätigt, das Ventil 2V schaltet um. Die Kolbenstange des Zylinders 2A fährt aus.

Nachdem die Kolbenstange die Ausgangsposition verlassen hat, wird der Grenztaster 2S1 gelöst. Bei Erreichen der Endposition wird der Grenztaster 2S2 betätigt. Das Umschaltventil 0V schaltet, Leitung P2 wird mit Systemdruck versorgt und Leitung P1 wird drucklos. Das Ventil 2V schaltet um, die Kolbenstange des Zylinders 2A fährt ein.

Bei Erreichen der Ausgangsposition wird der Grenztaster 2S1 betätigt, das Ventil 1V schaltet um und die Kolbenstange des Zylinders 1A fährt ein. Erreicht die Kolbenstange ihre Ausgangsposition, so wird der Grenztaster 1S2 betätigt, das System ist wieder im Ausgangszustand.

Ein neuer Zyklus kann nun durch Betätigen des Drucktasters 1S1 gestartet werden.

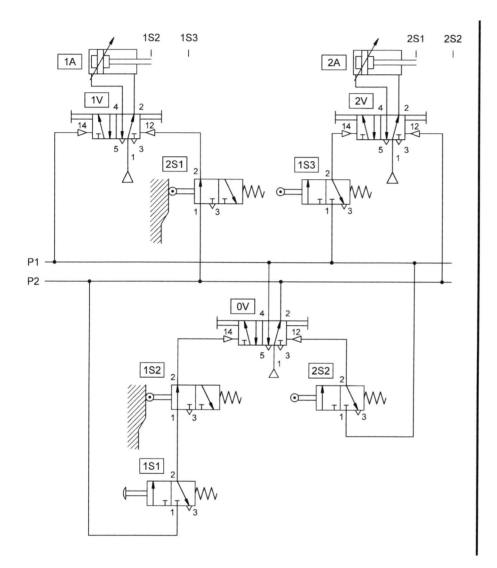

Bild 6.8: Schaltplan

6.6 Beispiel 11: Umschaltventile

Problemstellung

Mit Hilfe einer Vorschubeinrichtung sollen Teile aus einem Magazin entnommen und auf eine Rutsche weitergegeben werden. Zylinder 1A schiebt die Teile aus dem Magazin, und Zylinder 2A übergibt sie an die Rutsche. Die Kolbenstange des Zylinders 1A darf erst dann ausfahren, wenn Zylinder 2A eingefahren ist. Der Arbeitszyklus soll bei Betätigung eines Starttasters beginnen. Die Kolbenstangenposition wird mit Grenztastern abgefragt.

Bild 6.9: Lageplan

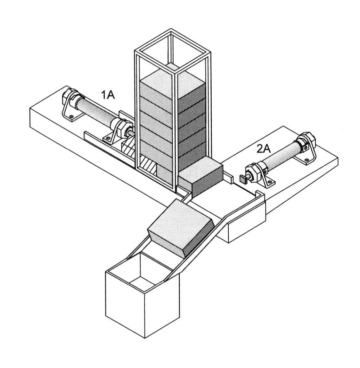

Bild 6.10: Weg-Schritt-Diagramm

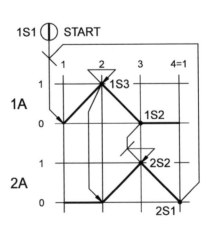

Bild 6.11: Schaltplan

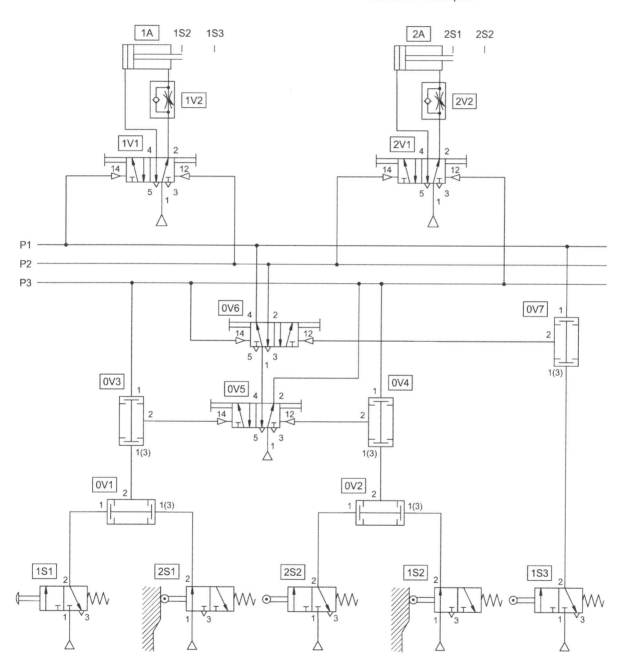

Lösung Im Schaltplan sind alle Signaleingabeelemente aktiv verschaltet. Das bedeutet, dass die Eingabeelemente direkt mit Druckluft versorgt werden. Die Druckluft muss jetzt nicht durch alle verketteten Ventile strömen, bevor ein Steuervorgang ausgelöst wird. Der Druckabfall ist geringer, die Steuerung wird schneller. Die Eingabeelemente sind durch Zweidruckventile mit den Umschaltventilen logisch verschaltet.

Der Ablauf setzt sich aus 3 Schritten zusammen. Eine Signalüberschneidung kann an zwei Stellen auftreten. In Schritt 1 fährt der Zylinder 1A aus, in Schritt 2 soll er sofort wieder einfahren. Deshalb kann an den Steueranschlüssen 14 und 12 des Impulsventils 1V1 eine Signalüberschneidung auftreten, die jedoch durch den Einsatz eines Umschaltventils vermieden werden kann. In der Ausgangsstellung ist der Grenztaster 2S1 durch den Zylinder 2A betätigt. Das Drucktasterventil 1S1 wird nur kurzzeitig für die Auslösung des Startsignals betätigt und kann deshalb zur Abschaltung des ersten Überschneidungssignals verwendet werden.

Das zweite Überschneidungsproblem tritt am Zylinder 2A und dem Impulsventil 2V1 auf, und zwar in Schritt 3. Hier soll die Kolbenstange einfahren, sobald sie die vordere Endlage erreicht hat. Das erste der beiden Signale an den Steueranschlüssen des Ventils 2V1 darf demnach nur kurzzeitig anliegen.

Zur Vermeidung der Signalüberschneidung wird ein Schaltplan mit drei Leitungen zur Realisierung der drei Schritte entworfen. Die Leitungen P1 bis P3 stellen die Schritte 1 bis 3 dar.

In Schritt 1 fährt die Kolbenstange des Zylinders 1A aus. Das Signal am Steueranschluss 14 des Ventils 1V1 wird über die Leitung P1 weitergegeben.

In Schritt 2 werden zwei Bewegungen ausgeführt: die Kolbenstange des Zylinders 1A fährt ein und die von Zylinder 2A fährt aus. Jetzt versorgt die Leitung P2 die Steueranschlüsse 12 des Impulsventils 1V1 und 14 des Impulsventils 2V1.

In Schritt 3 fährt die Kolbenstange des Zylinders 2A aufgrund des Signals am Eingang 12 des Impulsventils 2V1 ein. Dieser Eingang wird von der Leitung P3 versorgt.

Ein Neustart des Zyklus ist nur möglich, wenn die Ventile 1S1 und 2S1 betätigt sind. Hierfür schaltet zunächst der Grenztaster 1S3 und erzeugt ein Signal am Steueranschluss 12 des Umschaltventils 0V6. Das Ventil 0V6 schaltet und versorgt die Leitung P2, während es die Leitung P1 entlüftet. Die Kolbenstange des Zylinders 1A fährt ein, die des Zylinders 2A fährt aus. Die jeweiligen Endlagen werden über die Grenztaster 2S2 und 1S2 abgefragt, die dem Steueranschluss 12 des Umschaltventils 0V5 vorgeschaltet sind. Das Ventil 0V5 schaltet, die Leitung P2 wird entlüftet und die Leitung P3 wird versorgt. Sobald der Grenztaster 2S1 durch das Einfahren der Kolbenstange des Zylinders 2A betätigt wird, sind die Startbedingungen für den Zyklus wieder hergestellt. Die Betätigung des Starttasters 1S1 bewirkt den Neustart des Zyklus.

Kapitel 7

Fehlersuche in pneumatischen Systemen

7.1 Dokumentation

In der Dokumentation sollen folgende Unterlagen enthalten sein:

- Funktionsdiagramm
- Schaltplan
- Bedienungsanleitung
- Datenblätter

Bei Änderungen des Systems sollten alle o.g. Unterlagen dem neuen Stand angepasst werden, um eine Fehlersuche und -behebung nicht zu erschweren.

7.2 Störungsursachen und deren Beseitigung

Generell können Störungen aufgrund folgender Ursachen auftreten:

Verschleiß von Bauteilen und Leitungen. Das Verschleißverhalten wird hauptsächlich durch folgende Punkte beeinflusst:

- Umgebungsmedium (z.B. aggressive Luft, Temperatur)
- Zustand der Druckluft (z.B. zu hohe Feuchtigkeit, zuviel geölt)
- Relativbewegung von Bauteilen
- falsche Belastung von Bauteilen
- Wartungsmängel
- fehlerhafte Montage

Diese Ursachen können zu folgenden Ausfällen führen:

- Verstopfen von Leitungen
- Festfahren von Einheiten
- Bruch
- Undichtigkeiten
- Druckabfall
- Fehlschaltungen

Eine systematische Vorgehensweise beim Auffinden und Beheben von Fehlern reduziert Inbetriebnahme- und Stillstandszeiten einer pneumatischen Steuerung.

Diagnose

Fehler innerhalb einer Anlage können an folgenden Stellen auftreten:

- Ausfall von Bauteilen an der angesteuerten Maschine
- Ausfall von Bauteilen innerhalb der pneumatischen Steuerung.

Die Erfahrung zeigt, dass Ausfälle innerhalb der Steuerung seltener auftreten als Ausfälle von Maschinenbauteilen.

Tritt ein Fehler auf, so zeigt sich dies durch eine fehlerhafte Funktion oder einen Stillstand der Maschine. Das Beheben des Fehlers kann folgendermaßen stattfinden:

Fehlersuche

- Fehlerbehebung durch das Bedien- oder Wartungspersonal
- Fehlerbehebung durch den Kundendienst.

Die Fehler an der Maschine und viele Fehler der Steuerung können oft direkt von einem erfahrenen Bediener gelöst werden. Der Bediener wird den Systemzustand mit optischen Überprüfungen analysieren.

Das Wartungspersonal wird mit Hilfe systematischer Analysen und evtl. den Beobachtungen des Bedieners den Fehler suchen und beseitigen.

Die Fehlerdiagnose sollte unmittelbar nach dem ersten Auftreten des Fehlers durchgeführt und Schritte zur Fehlerbehebung sollten eingeleitet werden. So können Maschinenstillstandszeiten minimal gehalten werden.

118

Fehlervermeidung

Frühzeitiger Verschleiß oder Ausfall von Bauteilen kann durch Entwurfs- oder Planungsfehler entstehen. Werden in der Planungsphase die nachfolgenden Richtlinien berücksichtigt, so wird die Gefahr eines frühzeitigen Maschinenausfalls minimiert.

- Auswahl geeigneter Bauteile und Signalerzeuger. Diese sollten den Umgebungs- und Betriebsbedingungen angepasst sein (hinsichtlich z.B. Schalthäufigkeit, Belastung).

- Abschirmen der Bauteile gegen Verschmutzung.

- Verminderung der Belastung durch Anbringen von Stoßdämpfern.

- Vermeidung von großen Leitungslängen oder Verwendung von Verstärkern.

Fehlersuche in pneumatischen Systemen

Neu installierte pneumatische Systeme laufen in der Regel nach der Inbetriebnahme über einen längeren Zeitraum ohne Schwierigkeiten.

Treten Fehler auf, so ist es wichtig, systematisch vorzugehen. Bei umfangreichen Steuerungen kann bei der Fehlersuche die Anlage in kleinere Einheiten unterteilt werden, die dann unabhängig voneinander auf den Fehler untersucht werden können.

Kann der Bediener den Fehler nicht selbst beheben, so muss das Wartungs- oder Kundendienstpersonal angefordert werden.

Werden Funktionseinheiten pneumatischer Steuerungen erweitert, so muss die Zuluftleitung oftmals größer dimensioniert werden. Fehler, die bei einer ungenügenden Versorgung mit Druckluft entstehen können, sind:

Störungen aufgrund von unzureichender Druckluftversorgung

- verminderte Kolbengeschwindigkeit
- verminderte Kraft am Arbeitszylinder
- zu lange Schaltzeiten

Dieselben Fehler können auftreten, wenn verschmutzte oder gequetschte Leitungen eine Querschnittsänderung aufweisen, oder wenn Undichtigkeiten für einen Druckabfall sorgen.

Kondensat in der Druckluft kann zu Korrosionsschäden in Bauelementen führen. Zusätzlich besteht die Gefahr, dass Schmiermittel emulgieren, verharzen oder gummieren. So können Bauelemente, die in engen Toleranzen ausgeführt sind und eine Relativbewegung ausführen, klemmen oder festsitzen.

Störungen durch Kondensat

Generell sollte einer pneumatischen Anlage im Druckluftversorgungteil eine Wartungseinheit vorgeschaltet sein. Diese filtert Schmutzpartikel aus der Versorgungs-Druckluft aus.

Störungen durch Verunreinigungen

Bei der Montage oder bei Wartungsarbeiten können Schmutzpartikel (z.B. Gewindespäne, Dichtmittel, etc.) in den Druckleitungen verbleiben und während des Betriebes in die Ventile gelangen.

Sind Systeme schon länger in Betrieb, so besteht die Gefahr, dass Ablösungen in den Leitungen (z.B. Rostpartikel) zu Verunreinigungen führen können.

Schmutzpartikel in den Versorgungsleitungen können folgende Auswirkungen haben:

- Festsitzen von Schieberventilen
- Undichtigkeiten innerhalb von Sitzventilen
- Verstopfen der Düsen von Drosselventilen

7.3 Wartung

Eine systematische Wartung hilft, die Lebensdauer und die Funktionssicherheit von pneumatischen Steuerungen zu erhöhen.

Zu jeder pneumatischen Steuerung sollte ein genauer Wartungsplan erstellt werden. In einem Wartungsplan sind die Wartungsarbeiten und deren Zeitintervalle aufgeführt. Bei umfangreichen Steuerungen müssen den Wartungsunterlagen ein Funktionsdiagramm und der Schaltplan beigefügt sein.

Die Zeitintervalle für die Durchführung einzelner Wartungsarbeiten sind abhängig von der Einsatzdauer, dem Verschleißverhalten der einzelnen Bauteile und dem Umgebungsmedium. Folgende Wartungsarbeiten müssen häufig und in kurzen Zeitintervallen durchgeführt werden:

- Wartungseinheit
  – Filter prüfen
  – Kondenswasser ablassen
  – Öler nachfüllen und einstellen, falls ein Öler verwendet wird.

- Signalerzeuger auf Verschleiß und Verschmutzung prüfen

Die nachfolgenden Wartungsarbeiten können in längeren Intervallen erfolgen:

- Anschlüsse auf Dichtigkeit prüfen

- Leitungen an beweglichen Teilen auf Verschleiß prüfen

- Kolbenstangenlager in den Zylindern überprüfen

- Filterelemente reinigen oder auswechseln

- Funktion von Sicherheitsventilen überprüfen

- Befestigungen überprüfen

Teil B

Grundlagen

Kapitel 1

Grundbegriffe der Pneumatik

1.1 Physikalische Grundlagen

Luft ist ein Gasgemisch und hat die folgende Zusammensetzung:

- ca. 78 Vol. % Stickstoff
- ca. 21 Vol. % Sauerstoff

Zusätzlich sind Spuren von Kohlendioxid, Argon, Wasserstoff, Neon, Helium, Krypton und Xenon enthalten.

Zum besseren Verständnis der Gesetzmäßigkeiten der Luft sind nachfolgend die hierbei auftretenden physikalischen Größen aufgeführt. Die Angaben erfolgen im „Internationalen Einheitensystem", kurz SI genannt.

Basiseinheiten

Größe	Formelzeichen	Einheiten
Länge	l	Meter (m)
Masse	m	Kilogramm (kg)
Zeit	t	Sekunde (s)
Temperatur	T	Kelvin (K, 0 °C = 273,15 K)

Abgeleitete Einheiten

Größe	Formelzeichen	Einheiten
Kraft	F	Newton (N), 1 N = 1 kg • m/s^2
Fläche	A	Quadratmeter (m^2)
Volumen	V	Kubikmeter (m^3)
Volumenstrom	q_V	(m^3/s)
Druck	p	Pascal (Pa)
		1 Pa = 1 N/m^2
		1 bar = 10^5 Pa

Newtonsches Gesetz

Kraft = Masse • Beschleunigung
F = m • a
beim freien Fall wird a durch die Fallbeschleunigung g = 9,81 m/s^2 ersetzt

Druck

1 Pa entspricht dem Druck, den eine senkrecht wirkende Kraft von 1 N auf eine Fläche von 1 m^2 ausübt.

Der Druck, der direkt auf der Erdoberfläche herrscht, wird als atmosphärischer Druck (p_{amb}) bezeichnet. Dieser Druck wird auch Bezugsdruck genannt. Der Bereich oberhalb dieses Drucks heißt Überdruckbereich ($p_e > 0$), der Bereich unterhalb heißt Unterdruckbereich ($p_e < 0$). Die atmosphärische Druckdifferenz p_e berechnet sich nach der Formel:

$$p_e = p_{abs} - p_{amb}$$

Dies wird durch das folgende Diagramm verdeutlicht:

Bild 1.1: Luftdruck

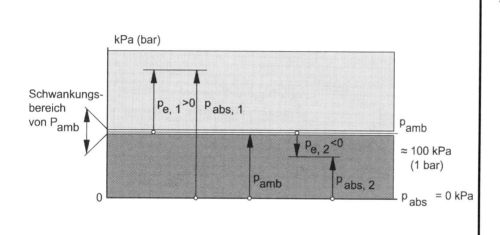

Der atmosphärische Druck ist nicht konstant. Sein Wert ändert sich mit der geographischen Lage und dem Wetter.

Der absolute Druck p_{abs} ist der auf Druck Null – Vakuum – bezogene Wert. Er ist gleich der Summe des atmosphärischen Drucks und des Über- bzw. Unterdrucks. In der Praxis werden hauptsächlich Druckmessgeräte verwendet, die nur den Überdruck p_e anzeigen. Der absolute Druckwert p_{abs} ist ungefähr 100 kPa (1 bar) höher.

In der Pneumatik ist es üblich, sämtlichen Angaben über Luftmengen auf den sogenannten Normzustand zu beziehen. Der Normzustand nach DIN 1343 ist ein durch Normtemperatur und Normdruck festgelegter Zustand eines festen, flüssigen oder gasförmigen Stoffes.

- Normtemperatur $T_n = 273{,}15$ K, $t_n = 0$ °C

- Normdruck $p_n = 101325$ Pa $= 1{,}01325$ bar

1.2 Eigenschaften der Luft

Charakteristisch für die Luft ist die sehr geringe Kohäsion, d.h. die Kräfte zwischen den Luftmolekülen sind bei den in der Pneumatik üblichen Betriebsbedingungen zu vernachlässigen. Wie alle Gase hat daher auch die Luft keine bestimmte Gestalt. Sie verändert ihre Form bei geringster Krafteinwirkung und nimmt den maximalen ihr zur Verfügung stehenden Raum ein.

Bild 1.2:
Boyle-Mariott'sches Gesetz

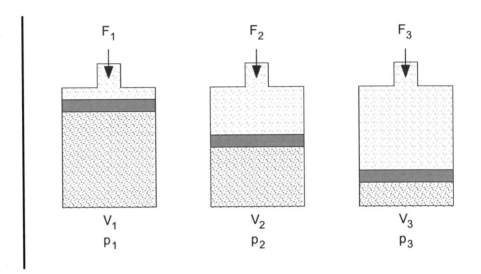

Boyle-Mariott'sches Gesetz

Die Luft lässt sich verdichten (Kompression) und hat das Bestreben sich auszudehnen (Expansion). Diese Eigenschaften beschreibt das Boyle-Mariott'sche Gesetz: Das Volumen einer abgeschlossenen Gasmenge ist bei konstanter Temperatur umgekehrt proportional zum absoluten Druck, oder das Produkt aus Volumen und absolutem Druck ist für eine bestimmte Gasmenge konstant.

$$p_1 \bullet V_1 = p_2 \bullet V_2 = p_3 \bullet V_3 = \text{Konstant}$$

Luft wird bei atmosphärischem Druck auf 1/7 ihres Volumens verdichtet. *Rechenbeispiel*
Welcher Druck stellt sich ein, wenn die Temperatur konstant bleibt?

$$p_1 \bullet V_1 = p_2 \bullet V_2$$

$$p_2 = p_1 \bullet \frac{V_1}{V_2} \qquad \text{Anmerkung: } V_2 / V_1 = 1/7$$

$$p_1 = p_{amb} = 100 \text{ kPa} = 1 \text{ bar}$$

$$p_2 = 1 \bullet 7 = 700 \text{ kPa} = 7 \text{ bar absolut}$$

Daraus folgt: $p_e = p_{abs} - p_{amb} = (700 - 100) \text{ kPa} = 600 \text{ kPa} = 6 \text{ bar}$

Ein Verdichter, der einen Überdruck von 600 kPa (6 bar) erzeugt, hat ein Verdichtungsverhältnis von 7:1.

Luft dehnt sich bei konstantem Druck, einer Temperatur von 273 K und *Gay-Lussac'sches*
einer Erwärmung von 1 K um 1/273 ihres Volumens aus. Das Gay- *Gesetz*
Lussac'sche Gesetz lautet: Das Volumen einer abgeschlossenen Gasmenge ist der absoluten Temperatur proportional, solange der Druck
nicht geändert wird.

$$\frac{V_1}{V_2} = \frac{T_1}{T_2} \qquad V_1 = \text{Volumen bei } T_1, V_2 = \text{Volumen bei } T_2$$

oder

$$\frac{V}{T} = \text{Konstant}$$

Die Volumenänderung ΔV ist: $\Delta V = V_2 - V_1 = V_1 \bullet \dfrac{T_2 - T_1}{T_1}$

Für V_2 gilt: $V_2 = V_1 + \Delta V = V_1 + \dfrac{V_1}{T_1}(T_2 - T_1)$

Die vorstehenden Gleichungen gelten nur, wenn die Temperaturen in K eingesetzt werden. Um in °C rechnen zu können, ist die folgende Formel zu verwenden:

$$V_2 = V_1 + \frac{V_1}{273\,°C + T_1}(T_2 - T_1)$$

Rechenbeispiel

$0,8$ m^3 Luft mit der Temperatur T_1 = 293 K (20 °C) werden auf T_2 = 344 K (71 °C) erwärmt. Wie stark dehnt sich die Luft aus?

$$V_2 = 0,8\,m^3 + \frac{0,8\,m^3}{293\,K}(344\,K - 293\,K)$$

$$V_2 = 0,8\,m^3 + 0,14\,m^3 = 0,94\,m^3$$

Die Luft hat sich um 0,14 m^3 auf 0,94 m^3 ausgedehnt.

Wird das Volumen während der Erwärmung konstant gehalten, ergibt sich für die Druckzunahme die folgende Formel:

$$\frac{p_1}{p_2} = \frac{T_1}{T_2}$$

oder

$$\frac{p}{T} = Konstant$$

Allgemeine
Gasgleichung

Den ganzen Gesetzmäßigkeiten wird die allgemeine Gasgleichung gerecht:

$$\frac{p_1 \bullet V_1}{T_1} = \frac{p_2 \bullet V_2}{T_2} = Konstant$$

Bei einer abgeschlossenen Gasmenge ist das Produkt aus Druck und Volumen geteilt durch die absolute Temperatur konstant.

Aus dieser allgemeinen Gasgleichung erhält man die vorher genannten Gesetze, wenn jeweils einer der drei Faktoren p, V oder T konstant gehalten wird.

- Druck p konstant $\Rightarrow$ isobare Änderungen

- Volumen V konstant $\Rightarrow$ isochore Änderungen

- Temperatur T konstant $\Rightarrow$ isotherme Änderungen

Kapitel 2

Drucklufterzeugung und Druckluftzufuhr

2.1 Aufbereitung der Druckluft

Um die Zuverlässigkeit einer pneumatischen Steuerung gewährleisten zu können, muss die Druckluft in ausreichender Qualität zugeführt werden. Hierzu zählen folgende Faktoren:

- korrekter Druck
- trockene Luft
- gereinigte Luft

Wenn diese Anforderungen nicht eingehalten werden, so kann dies zu erhöhten Maschinenausfallzeiten verbunden mit höheren Betriebskosten führen.

Die Erzeugung der Druckluft beginnt mit der Verdichtung. Die Druckluft durchströmt eine ganze Reihe von Bauelementen bevor sie zum Verbraucher gelangt. Der Verdichtertyp und dessen Standort beeinflussen mehr oder weniger die Menge an Schmutzpartikeln, Öl und Wasser, die in ein pneumatisches System gelangen. Folgende Bauelemente sollten zur Aufbereitung der Druckluft verwendet werden:

- Ansaugfilter
- Verdichter
- Druckluftspeicher
- Trockner
- Druckluft-Filter mit Wasserabscheider
- Druckregler
- Öler (bei Bedarf)
- Ablassstellen für das Kondensat

Schlecht aufbereitete Luft erhöht die Anzahl der Störungen und setzt die Lebensdauer pneumatischer Systeme herab. Dies macht sich folgendermaßen bemerkbar:

- Erhöhter Verschleiß an Dichtungen und beweglichen Teilen in Ventilen und Zylindern
- Verölte Ventile
- Verunreinigte Schalldämpfer
- Korrosion in Rohren, Ventilen, Zylindern und anderen Bauteilen
- Auswaschen der Schmierung beweglicher Bauteile

Bei Undichtigkeiten kann austretende Druckluft die zu bearbeitenden Materialien (z.B. Lebensmittel) beeinträchtigen.

In der Regel werden pneumatische Bauelemente für einen maximalen Betriebsdruck von 800 bis 1000 kPa (8 bis 10 bar) ausgelegt. Für einen wirtschaftlichen Betrieb ist allerdings ein Druck von 600 kPa (6 bar) ausreichend. Aufgrund von Strömungswiderständen in den einzelnen Bauteilen (z.B. Drosseln) und in den Rohrleitungen muss mit einem Druckverlust zwischen 10 und 50 kPa (0,1 und 0,5 bar) gerechnet werden. Deshalb sollte die Verdichteranlage einen Druck von 650 bis 700 kPa (6,5 bis 7 bar) liefern, um den gewünschten Betriebsdruck von 600 kPa (6 bar) sicherzustellen.

Druckniveau

2.2 Verdichter (Kompressoren)

Die Auswahl eines Verdichters hängt vom Arbeitsdruck und von der benötigten Luftmenge ab. Man unterscheidet Verdichter nach ihrer Bauart.

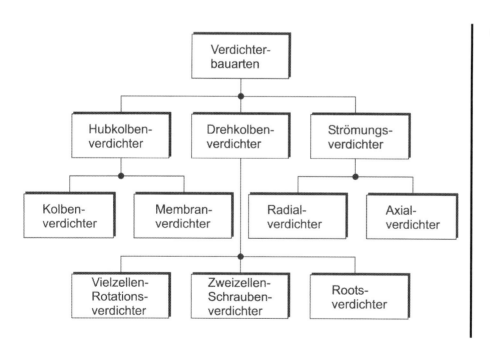

Bild 2.1: Verdichterbauarten

Hubkolbenverdichter	Ein Hubkolben verdichtet die über ein Einlassventil angesaugte Luft. Über ein Auslassventil wird die Luft weitergegeben.

Hubkolbenverdichter werden häufig eingesetzt, da sie für große Druckbereiche erhältlich sind. Zur Erzeugung höherer Drücke werden mehrstufige Verdichter verwendet. Die Luft wird dabei zwischen den einzelnen Verdichterstufen abgekühlt.

Die optimalen Druckbereiche für Hubkolbenverdichter liegen bei:

bis 400 kPa	(4 bar)	einstufig
bis 1500 kPa	(15 bar)	zweistufig
über 1500 kPa	(> 15 bar)	drei- oder mehrstufig

Mögliche, aber nicht immer wirtschaftliche Druckbereiche sind:

bis 1200 kPa	(12 bar)	einstufig
bis 3000 kPa	(30 bar)	zweistufig
über 3000 kPa	(> 30 bar)	drei- oder mehrstufig

Membranverdichter	Der Membranverdichter gehört zur Gruppe der Hubkolbenverdichter. Der Verdichterraum ist durch eine Membran vom Kolben getrennt. Dies hat den Vorteil, dass kein Öl vom Verdichter in den Luftstrom gelangen kann. Der Membranverdichter wird daher häufig in der Lebensmittelindustrie, pharmazeutischen und chemischen Industrie eingesetzt.
Drehkolbenverdichter	Beim Drehkolbenverdichter wird die Luft mit rotierenden Kolben verdichtet. Während des Verdichtungsvorgangs wird dabei der Verdichtungsraum kontinuierlich verengt.
Schraubenverdichter	Zwei Wellen (Läufer) mit schraubenförmigen Profil drehen gegeneinander. Das ineinandergreifende Profil fördert und verdichtet dabei die Luft.
Strömungsverdichter	Sie sind besonders für große Liefermengen geeignet. Strömungsverdichter werden in axialer und radialer Bauweise hergestellt. Die Luft wird mit einem oder mehreren Turbinenrädern in Strömung versetzt. Die Bewegungsenergie wird in Druckenergie umgesetzt. Bei einem Axial-Verdichter erfolgt die Beschleunigung der Luft durch die Schaufeln in axialer Durchströmungsrichtung.

Um die Liefermenge des Verdichters dem schwankenden Bedarf anzu-passen, ist eine Regelung des Verdichters notwendig. Zwischen ein-stellbaren Grenzwerten für Maximal- und Minimaldruck wird die Liefer-menge geregelt. Es gibt verschiedene Arten der Regelung:

Regelung

- Leerlaufregelung   Abblasregelung
                                Absperrregelung
                                Greiferregelung

- Teillastregelung   Drehzahlregelung
                                Saugdrosselregelung

- Aussetzerregelung

Bei der Abblasregelung arbeitet der Verdichter gegen ein Druckbegren-zungsventil. Ist der eingestellte Druck erreicht, öffnet das Druckbegren-zungsventil, die Luft wird ins Freie abgeblasen. Ein Rückschlagventil verhindert das Entleeren des Behälters. Diese Regelung wird nur bei sehr kleinen Anlagen eingesetzt.

Leerlaufregelung

Bei der Absperrregelung wird die Saugseite abgesperrt. Der Verdichter kann nicht ansaugen. Diese Art der Regelung wird vor allem bei Dreh-kolbenverdichtern eingesetzt.

Bei größeren Kolbenverdichtern wird die Greiferregelung verwendet. Ein Greifer hält das Saugventil offen, der Verdichter kann keine Luft verdich-ten.

Bei der Drehzahlregelung wird die Drehzahl des Antriebsmotors des Verdichters in Abhängigkeit vom erreichten Druck geregelt.

Teillastregelung

Bei der Saugdrosselregelung erfolgt die Regelung durch eine Drosse-lung im Saugstutzen des Verdichters.

Bei dieser Regelung nimmt der Verdichter die Betriebszustände Volllast und Ruhe ein. Der Antriebsmotor des Verdichters wird beim Erreichen von p_{max} abgeschaltet, beim Erreichen von p_{min} eingeschaltet.

Aussetzerregelung

Es ist empfehlenswert, eine Einschaltdauer von ca. 75% für einen Ver-dichter zu erzielen. Hierzu ist es notwendig, den Durchschnitts- und den Höchstluftbedarf einer pneumatischen Anlage zu bestimmen und die Auswahl des Verdichters darauf abzustimmen. Ist abzusehen, dass der Luftbedarf durch Erweiterungen der Anlage zunehmen wird, so sollte der Druckluftversorgungsteil größer ausgelegt werden, denn eine nachträg-liche Erweiterung ist immer mit hohen Kosten verbunden.

Einschaltdauer

2.3 Druckluftspeicher

Zur Stabilisierung der Druckluft wird dem Verdichter ein Druckluftspeicher nachfolgend angeordnet. Der Druckluftspeicher gleicht Druckschwankungen bei der Entnahme der Druckluft vom System aus. Sinkt der Druck im Druckluftspeicher unter einen bestimmten Wert ab, so füllt ihn der Verdichter solange auf, bis der eingestellte obere Druckwert wieder erreicht wird. Dies hat den Vorteil, dass der Verdichter nicht im Dauerbetrieb arbeiten muss.

Durch die relativ große Oberfläche des Speichers wird die Druckluft im Druckluftspeicher abgekühlt. Dabei wird Kondenswasser ausgeschieden, das über einen Ablasshahn regelmäßig abgelassen werden muss.

Bild 2.2: Druckluftspeicher

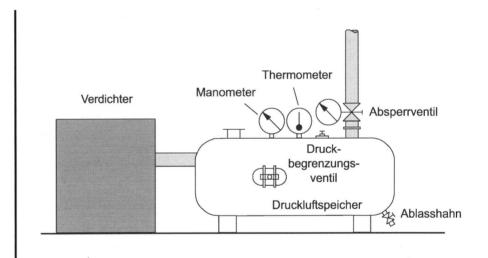

Die Größe des Druckluftspeichers hängt von folgenden Kriterien ab:

- Fördermenge des Verdichters
- Luftbedarf des Systems
- Leitungsnetz (ob zusätzliches Volumen)
- Regelung des Verdichters
- zulässige Druckschwankungen im Netz

Beispiel: Liefermenge q_L =   20 m³/min
             Druckdifferenz Δp =   100 kPa (1 bar)
             Schaltspiele/h   z   =   20 1/h

Ergebnis: Behältergröße V_B =   15 m³ (s. Diagramm)

Speichervolumen eines Druckluftspeichers

Bild 2.3: Diagramm: Ermittlung des Speichervolumens

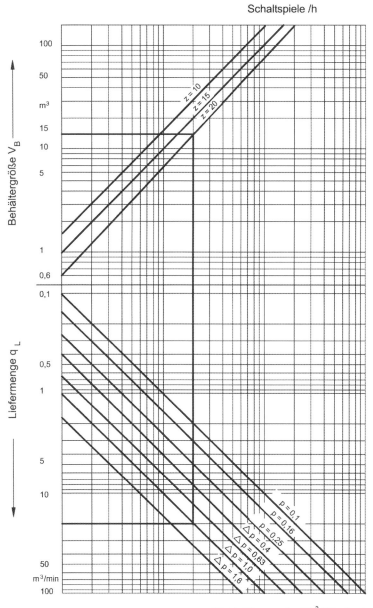

2.4 Lufttrockner

Feuchtigkeit (Wasser) gelangt durch die angesaugte Luft des Verdichters in das Luftnetz. Der Feuchtigkeitsanfall hängt in erster Linie von der relativen Luftfeuchtigkeit ab. Die relative Luftfeuchtigkeit ist abhängig von der Lufttemperatur und der Wetterlage.

Die absolute Feuchtigkeit ist die Wasserdampfmenge, die in einem m^3 Luft tatsächlich enthalten ist. Die Sättigungsmenge ist die Wasserdampfmenge, die ein m^3 Luft bei der betreffenden Temperatur maximal aufnehmen kann.

Wird die relative Luftfeuchtigkeit in Prozent angegeben, gilt die Formel:

$$\text{Relative Feuchtigkeit} = \frac{\text{absolute Feuchtigkeit}}{\text{Sättigungsmenge}} \bullet 100\%$$

Da die Sättigungsmenge temperaturabhängig ist, ändert sich die relative Feuchtigkeit mit der Temperatur, auch wenn die absolute Feuchtigkeit konstant bleibt. Wird der Taupunkt erreicht, steigt die relative Feuchtigkeit auf 100% an.

Taupunkt Mit Taupunkt wird die Temperatur bezeichnet, bei der die relative Feuchtigkeit 100% erreicht hat. Senkt man die Temperatur weiter ab, beginnt der enthaltene Wasserdampf zu kondensieren. Je tiefer die Temperatur abgesenkt wird, desto mehr Wasserdampf kondensiert.

Zu große Feuchtigkeitsmengen in der Druckluft setzen die Lebensdauer pneumatischer Systeme herab. Daher ist es notwendig, Lufttrockner zwischenzuschalten, um den Feuchtigkeitsgehalt der Luft zu senken. Zum Trocknen der Luft stehen folgende Verfahren zur Verfügung:

- Kältetrocknung
- Adsorptionstrocknung
- Absorptionstrocknung

Drucktaupunkt Damit man verschiedene Trockneranlagen vergleichen kann, muss der Betriebsdruck der Anlage berücksichtigt werden. Hierzu wird der Begriff Drucktaupunkt benutzt. Der Drucktaupunkt ist die Lufttemperatur, die in einem Trockner bei Betriebsdruck erreicht wird.

Der Drucktaupunkt der getrockneten Luft sollte ca. 2 bis 3 °C unter der kühlsten Umgebungstemperatur liegen.

Verminderte Wartungskosten, kürzere Stillstandszeiten und eine erhöhte Systemzuverlässigkeit amortisieren die Zusatzkosten für einen Lufttrockner relativ schnell.

Der am häufigsten eingesetzte Lufttrockner ist der Kältetrockner. Die durchströmende Luft wird in einem Wärmetauscher gekühlt. Die im Luftstrom enthaltene Feuchtigkeit wird ausgeschieden und in einem Abscheider gesammelt.

Kältetrockner

Die in den Kältetrockner eintretende Luft wird in einem Wärmetauscher von der austretenden kalten Luft vorgekühlt. Sie wird dann im Kälteaggregat auf Temperaturen zwischen + 2 und + 5 °C abgekühlt. Die getrocknete Druckluft wird gefiltert. Bei ihrem Austritt aus dem Kältetrockner wird die Druckluft im Wärmetauscher durch die eintretende Luft wieder erwärmt.

Mit der Kältetrocknung ist es möglich, Drucktaupunkte zwischen + 2 °C und + 5 °C zu erreichen.

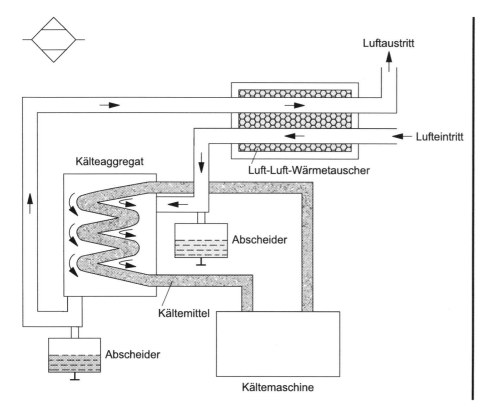

Bild 2.4: Kältetrockner

Adsorptionstrockner

Adsorbieren: Stoffe werden an der Oberfläche fester Körper abgelagert.

Das Trocknungsmittel, auch Gel genannt, ist ein Granulat, das größtenteils aus Siliziumdioxid besteht.

Es werden immer zwei Adsorber verwendet. Ist das Gel im ersten Adsorber gesättigt, so wird auf den zweiten Adsorber umgeschaltet. Der erste Adsorber wird dann durch Heißlufttrocknung regeneriert.

Durch Adsorptionstrocknung können Drucktaupunkte bis $-90\,°C$ erreicht werden.

Bild 2.5:
Adsorptionstrockner

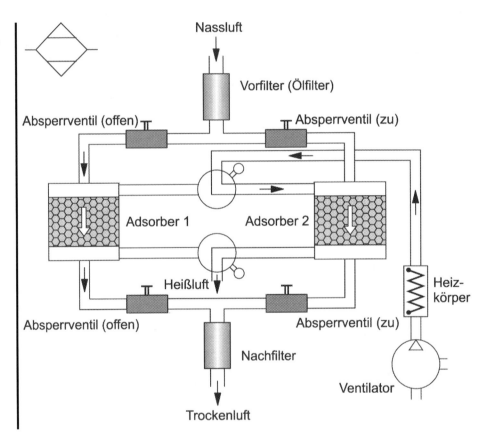

Absorption: Ein fester oder flüssiger Stoff bindet einen gasförmigen Stoff.

Absorptionstrockner

Bei der Absorptionstrocknung handelt es sich um ein rein chemisches Verfahren. Aufgrund der hohen Betriebskosten wird diese Trocknungsart selten eingesetzt.

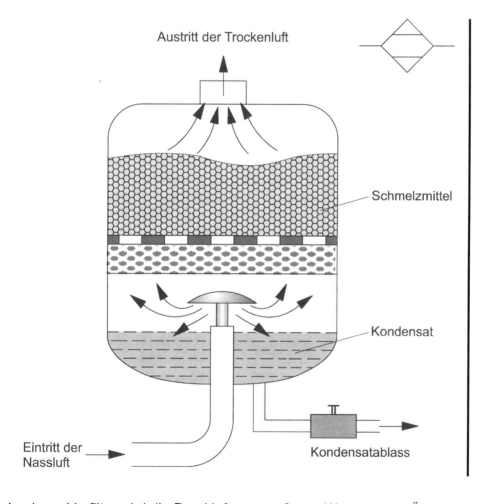

Bild 2.6:
Absorptionstrockner

In einem Vorfilter wird die Druckluft von größeren Wasser- und Öltropfen gereinigt. Beim Eintritt in den Trockner wird die Druckluft in Rotation versetzt und durchströmt den Trocknungsraum, der mit einem Schmelzmittel (Trocknungsmasse) gefüllt ist. Die Feuchtigkeit verbindet sich mit dem Schmelzmittel und löst es auf. Diese flüssige Verbindung gelangt dann in den unteren Auffangraum.

Das Gemisch muss regelmäßig abgelassen und das Schmelzmittel regelmäßig ersetzt werden.

Das Absorptionsverfahren zeichnet sich aus durch:

- einfache Installation der Anlage
- geringen mechanischen Verschleiß (keine bewegten Teile)
- kein Fremdenergiebedarf

Nach dem Trockner muss ein Staubfilter vorgesehen werden, um mitgerissenen Schmelzmittelstaub abzufangen.

Drucktaupunkte unter 0 °C können erreicht werden.

Bild 2.7: Taupunktkurve

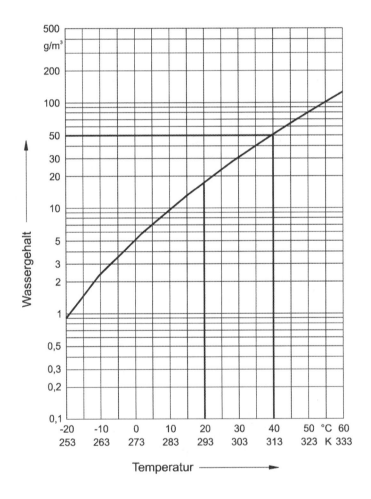

Ansaugleistung	1000 m³/h	*Rechenbeispiel*
Absolutdruck	700 kPa (7 bar)	
verdichtete Menge pro Stunde	143 m³	
Ansaugtemperatur	293 K (20 °C)	
Temperatur nach der Verdichtung	313 K (40 °C)	
relative Feuchtigkeit	50%	

Wassermenge vor der Verdichtung:

Bei 293 K (20 °C) ergibt sich folgender Wassergehalt:
          100% = 17,3 g/m³
daraus folgt: 50% = 8,65 g/m³
Das ergibt: 8,65 g/m³ • 1000 m³/h = 8650 g/h

Wassermenge nach der Verdichtung:

Bei 313 K (40 °C) ergibt sich folgende Sättigungsmenge:
          51,1 g/m³
Das ergibt: 51,1 g/m³ •143 m³/h = 7307 g/h

Die ausgeschiedene Wassermenge nach dem Verdichter beträgt somit:

          8650 g/h - 7307 g/h = 1343 g/h.

2.5 Luftverteilung

Um eine zuverlässige und störungsfreie Luftverteilung zu gewährleisten, sind eine Reihe von Punkten zu beachten. Dabei ist die korrekte Dimensionierung des Rohrsystems genauso wichtig wie das verwendete Rohmaterial, der Durchflusswiderstand, die Rohranordnung und die Wartung.

Bei Neuinstallationen sollte immer eine spätere Erweiterung des Druckluftnetzes berücksichtigt werden. So sollte die Hauptleitung größer ausgelegt sein, als es den aktuellen Systemanforderungen entspricht. Im Hinblick auf spätere Erweiterungen empfiehlt sich das Anbringen von zusätzlichen Verschlüssen und Absperrventilen. *Dimensionierung der Rohrleitungen*

In allen Rohren entstehen Druckverluste durch Durchflusswiderstände, insbesondere an Rohrverengungen, Winkeln, Abzweigungen und Rohrverbindungen. Diese Verluste müssen vom Verdichter ausgeglichen werden. Der Druckabfall im gesamten Netz sollte dabei so gering wie möglich sein.

Zur Berechnung des Druckgefälles muss die Gesamtrohrlänge bekannt sein. Für Rohrverbindungen, Abzweigungen und Winkel müssen Ersatzrohrlängen bestimmt werden. Die Auswahl des richtigen Innendurchmessers hängt außerdem vom Betriebsdruck und der gelieferten Luftmenge ab und sollte am besten mit Hilfe eines Nomogrammes berechnet werden.

Durchflusswiderstand

Jede Beeinflussung oder Richtungsänderung des Luftdurchflusses innerhalb eines Rohrsystems ist ein Störungseinfluss und bedeutet das Ansteigen des Durchflusswiderstandes. Dies führt zu einem ständigen Druckabfall innerhalb des Rohrsystems. Da Abzweigungen, Winkel und Rohrverbindungen in allen Druckluftnetzen eingesetzt werden müssen, kann das Entstehen eines Druckgefälles nicht verhindert werden. Es kann jedoch durch den Einbau von günstigen Rohrverbindungen, die Auswahl des richtigen Materials und die korrekte Montage der Rohrverbindungen beträchtlich reduziert werden.

Rohrmaterial

Ein modernes Druckluftsystem stellt besondere Anforderungen an die Beschaffenheit der Rohre. Sie müssen

- niedrige Druckverluste

- Dichtigkeit

- Widerstandsfähigkeit gegen Korrosion und

- Erweiterungsmöglichkeiten

gewährleisten. Nicht nur der Materialpreis, sondern auch die Installationskosten, die bei Kunststoff am niedrigsten liegen, müssen beachtet werden. Kunststoffrohre können durch Verwendung von Klebemitteln 100%-ig luftdicht verbunden werden und sind zudem leicht erweiterbar.

Kupfer- und Stahlrohre haben dagegen einen niedrigeren Anschaffungspreis, sie müssen aber gelötet, geschweißt oder mit Gewindeanschlüssen verbunden werden. Wird diese Arbeit nicht sorgfältig ausgeführt, kann es passieren, dass Späne, Rückstände von Schweißarbeiten, Ablagerungen oder Dichtungsmittel in das System gelangen. Dies kann zu ernsten Störungen führen. Für kleine und mittlere Durchmesser sind Kunststoffrohre allen anderen Materialien bezüglich Preis, Montage, Wartung und Erweiterbarkeit überlegen.

Druckschwankungen im Netz verlangen eine solide Montage der Rohre, da sonst Undichtigkeiten an verschraubten und gelöteten Verbindungen auftreten können.

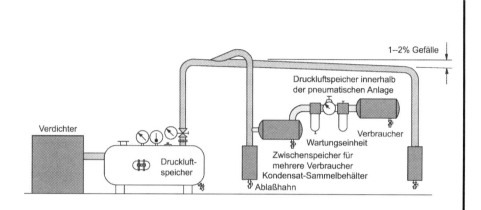

Bild 2.8:
Luftversorgungssystem

Neben der richtigen Dimensionierung der Rohre und der Qualität des Rohrmaterials ist die richtige Leitungsführung ausschlaggebend für den wirtschaftlichen Betrieb des Druckluftsystems. Der Verdichter beliefert das System in Intervallen mit Druckluft. Daher passiert es häufig, dass der Druckluftverbrauch nur kurzfristig ansteigt. Dies kann zu ungünstigen Bedingungen im Druckluftnetz führen. Es empfiehlt sich, das Druckluftnetz in Form einer Ringhauptleitung auszulegen, da diese relativ konstante Druckbedingungen gewährleistet.

Rohranordnung

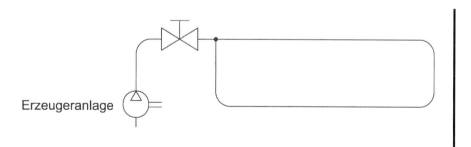

Bild 2.9: Ringleitung

Um Wartungsarbeiten, Reparaturen oder Erweiterungen des Netzes durchführen zu können ohne dabei die gesamte Luftzufuhr zu stören, ist es ratsam, das Netz in einzelne Abschnitte zu unterteilen.

Dafür sollten Abzweigungen mit T-Verbindungen und Sammelleisten mit Steckkupplungen vorgesehen werden. Die Abzweigleitungen sollten mit Absperrventilen oder Standardkugelventilen ausgerüstet sein.

Bild 2.10: Verbundnetz

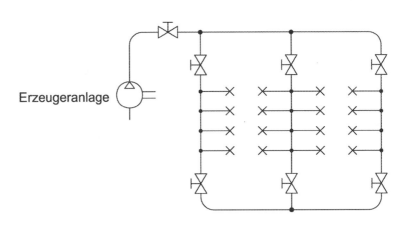

Trotz guter Wasserabscheidung im Druckerzeugersystem können Druckabfall und Außenkühlung zu Kondensatrückständen im Rohrsystem führen. Damit dieses Kondensat abgelassen werden kann, sollten die Stichleitungen mit einem 1-2%-igen Gefälle in Strömungsrichtung verlegt werden. Sie können auch stufenförmig installiert werden. Das Kondensat kann dann am tiefsten Punkt über Wasserabscheider abgelassen werden.

2.6 Wartungseinheit

Die einzelnen Funktionen der Druckluftaufbereitung Filtern, Regeln und Ölen können mit Einzelelementen erfüllt werden. Diese Funktionen sind oft in einer Baueinheit, der Wartungseinheit, zusammengefasst worden. Wartungseinheiten sind jeder pneumatischen Anlage vorgeschaltet.

Der Einsatz eines Druckluftölers ist in modernen Anlagen nicht mehr generell notwendig. Er ist nur bei Bedarf gezielt, vor allem im Leistungsteil einer Anlage einzusetzen. Die Druckluft im Steuerteil sollte nicht geölt werden.

Kondenswasser, Verunreinigungen und zuviel Öl können zu Verschleiß an beweglichen Teilen und Dichtungen von pneumatischen Bauelementen führen. Durch Undichtigkeiten können diese Stoffe austreten. Ohne den Einsatz von Druckluftfiltern könnten z.B. die zu verarbeitenden Produkte in der Lebensmittel-, der pharmazeutischen und der chemischen Industrie verschmutzt und somit unbrauchbar werden.

Druckluftfilter

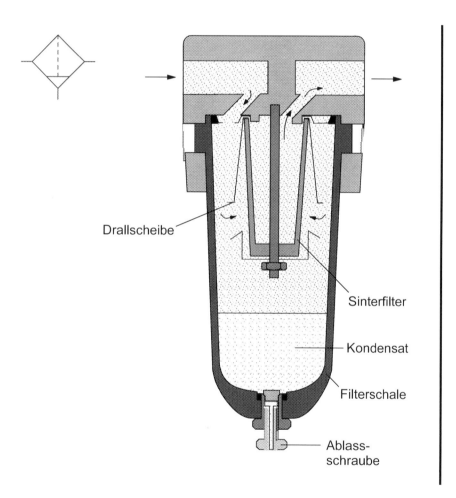

Bild 2.11: Druckluftfilter

Drallscheibe

Sinterfilter

Kondensat

Filterschale

Ablass-schraube

Die Auswahl des Druckluftfilters spielt eine wichtige Rolle für die Versorgung des pneumatischen Systems mit qualitativ guter Druckluft. Die Kenngröße des Druckluftfilters ist die Porenweite. Sie bestimmt die kleinste Partikelgröße, die noch aus dem Luftstrom ausgefiltert werden kann.

Das gesammelte Kondensat muss vor Erreichen einer oberen Grenzmarkierung abgelassen werden, da es sonst vom Luftstrom wieder aufgenommen würde.

Bei einem ständigen Kondenswasseranfall ist es ratsam, eine automatische Ablassvorrichtung anstelle des manuellen Ablasshahns zu verwenden. In diesem Fall ist jedoch auch nach der Ursache des Kondenswasseranfalles zu suchen. Eine ungünstige Leitungsführung kann zum Beispiel der Grund des Kondenswasseranfalles sein.

Die automatische Ablassvorrichtung besteht aus einem Schwimmer, der bei Erreichen der maximalen Kondensathöhe über eine Hebelmechanik eine Druckluftdüse freigibt. Die einströmende Druckluft öffnet über eine Membran die Ablassöffnung. Erreicht der Schwimmer die minimale Kondensathöhe, so wird die Düse geschlossen und der Ablassvorgang gestoppt. Zusätzlich kann der Sammelbehälter über eine Handbetätigung entleert werden.

Bei Eintritt in den Luftfilter strömt die Druckluft gegen eine Drallscheibe und wird dabei in eine Rotationsbewegung versetzt. Durch die Zentrifugalkraft werden Wasserteilchen und feste Fremdstoffe aus dem Luftstrom ausgesondert. Sie werden an die Innenwand der Filterschale geschleudert, von wo sie in den Sammelraum abfließen. Die vorgereinigte Luft strömt durch den Filtereinsatz ab. Hier werden noch die Schmutzpartikel ausgesondert, die größer als die Porenweite sind. Bei Normalfiltern liegen die Porenweiten zwischen 5 µm und 40 µm.

Unter dem Ausfilterungsgrad eines Filters versteht man den Prozentsatz an Partikeln einer bestimmten Größe, die aus dem Luftstrom ausgefiltert werden, z.B. ein Ausfilterungsgrad von 99,99% bezogen auf eine Teilchengröße von 5 µm. Mit Feinstfiltern können 99,999% von Teilchen mit einer Größe von mehr als 0,01 µm ausgefiltert werden.

Nach längerer Betriebsdauer muss der Filtereinsatz ausgewechselt werden, da er durch die ausgefilterten Schmutzpartikel verstopfen kann. Mit zunehmender Verschmutzung setzt der Filter dem Luftstrom einen größeren Strömungswiderstand entgegen. Dadurch wird der Druckabfall am Filter größer.

Um den Zeitpunkt des Filterwechsels zu bestimmen, muss eine Sichtkontrolle oder eine Druckdifferenzmessung durchgeführt werden.

Die Größe des Wartungsintervalls für den Austausch des Filtereinsatzes ist abhängig vom Zustand der Druckluft, vom Luftbedarf der angeschlossenen pneumatischen Elemente und von der Filtergröße. Die Wartung des Filters umfasst folgende Punkte: *Wartung*

- Filtereinsatz ersetzen oder reinigen

- Kondensat ablassen

Bei Reinigungsarbeiten müssen die Herstellerangaben bezüglich des Reinigungsmittels beachtet werden.

Die vom Verdichter erzeugte Druckluft unterliegt Schwankungen. Druckschwankungen im Rohrsystem können die Schalteigenschaften von Ventilen, Zylinderlaufzeiten und die Zeitregulierung von Drossel- und Speicherventilen negativ beeinflussen. *Druckregelventil*

Ein konstanter Arbeitsdruck ist die Voraussetzung für den problemlosen Betrieb einer pneumatischen Anlage. Um ein konstantes Druckniveau zu gewährleisten, werden Druckregler zentral an das Druckluftnetz angeschlossen, die – unabhängig von den Druckschwankungen im Hauptsteuerkreis (Primärdruck) – für eine konstante Druckzufuhr im System (Sekundärdruck) sorgen. Der Druckminderer oder Druckregler wird dem Druckluftfilter nachgeschaltet und hält den Arbeitsdruck konstant. Die Höhe des Druckes sollte immer auf die Anforderungen des jeweiligen Anlagenteils abgestimmt werden.

In der Praxis hat sich ein Arbeitsdruck von

- 600 kPa (6 bar) im Leistungsteil und

- 300 bis 400 kPa (3 bis 4 bar) im Steuerteil

als wirtschaftlicher und technisch bester Kompromiss zwischen Drucklufterzeugung und Leistungsfähigkeit der Bauteile erwiesen.

Ein höherer Betriebsdruck würde zu ungünstiger Energieausnutzung und höherem Verschleiß führen, ein niedrigerer Druck würde einen schlechten Wirkungsgrad, vor allem im Leistungsteil, bewirken.

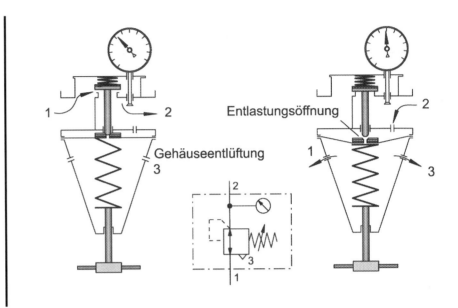

Bild 2.12: Druckregelventil mit Entlastungsöffnung

Druckregelventil mit Entlastungsöffnung: Funktionsprinzip

Der Eingangsdruck (Primärdruck) am Druckregelventil muss immer höher als der Ausgangsdruck (Sekundärdruck) sein. Die Druckregulierung selbst erfolgt über eine Membran. Der Ausgangsdruck wirkt auf die eine Seite der Membran, die Kraft einer Feder auf die andere Seite. Die Federkraft ist über eine Stellschraube einstellbar.

Erhöht sich der Druck auf der Sekundärseite, z.B. bei Lastwechsel am Zylinder, wird die Membran gegen die Feder gedrückt, und die Auslass-Querschnittsfläche am Ventilsitz wird verkleinert oder geschlossen. Der Ventilsitz der Membran öffnet sich, und die Druckluft kann durch die Entlastungsöffnungen im Gehäuse an die Atmosphäre entweichen.

Fällt der Druck auf der Sekundärseite, öffnet die Federkraft das Ventil. Das Regulieren des Luftdruckes auf den voreingestellten Betriebsdruck bedeutet daher ein ständiges Öffnen und Schließen des Ventilsitzes, ausgelöst durch das durchströmende Luftvolumen. Der Betriebsdruck wird an einem Messgerät angezeigt.

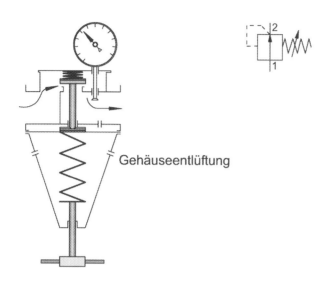

Gehäuseentlüftung

Bei zu hohem Betriebsdruck (Sekundärdruck) steigt der Druck im Ventil-sitz an und drückt die Membran gegen die Kraft der Feder. Gleichzeitig wird die Auslass-Querschnittsfläche am Dichtungssitz verkleinert bzw. geschlossen. Der Luftstrom ist reduziert bzw. abgeschnitten. Die Druck-luft kann nur dann wieder nachströmen, wenn der Betriebsdruck kleiner als auf der Primärseite ist.

Druckregelventil ohne Entlastungsöffnung: Funktionsprinzip

Im allgemeinen sollte die erzeugte Druckluft nicht geölt werden. Sollten bewegliche Teile in Ventilen und Zylindern eine externe Schmierung benötigen, so muss die Druckluft ausreichend und fortlaufend mit Öl angereichert werden. Das Ölen der Druckluft sollte sich immer nur auf die Abschnitte einer Anlage beschränken, in denen geölte Luft benötigt wird. Das vom Verdichter an die Druckluft abgegebene Öl eignet sich nicht zum Schmieren von pneumatischen Bauteilen.

Druckluftöler

Zylinder mit hitzebeständigen Dichtungen sollten nicht mit geölter Druck-luft betrieben werden, da das Spezialfett vom Öl ausgewaschen werden kann.

Werden Systeme, die mit Schmierung betrieben wurden, auf nicht geölte Druckluft umgestellt, muss die Originalschmierung der Ventile und Zy-linder erneuert werden, da diese unter Umständen ausgewaschen wur-de.

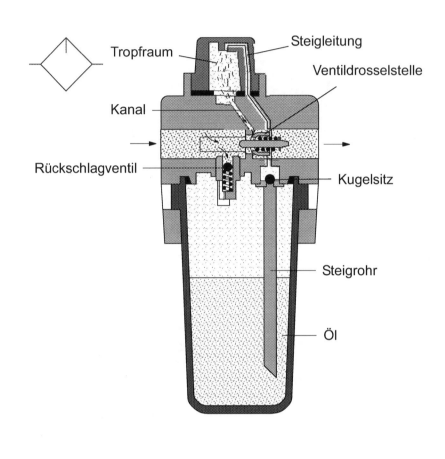

Bild 2.14: Druckluftöler

Die Druckluft sollte nur geölt werden wenn:

- extrem schnelle Bewegungsabläufe gefordert sind
- Zylinder mit großem Bohrungsdurchmesser eingesetzt werden (hierbei sollte der Öler dem Zylinder direkt vorgeschaltet sein).

Bei übermäßiger Ölung können folgende Probleme auftreten:

- Funktionsstörungen an Bauteilen
- erhöhte Umweltbelastung
- Festsitzen von Bauelementen nach längerer Stillstandszeit

Die Druckluft durchströmt den Öler und erzeugt beim Passieren einer Querschnittsverengung einen Unterdruck. Dieser Unterdruck saugt über ein Steigrohr Öl aus dem Vorratsbehälter an. Das Öl gelangt in einen Tropfraum, wird vom Luftstrom vernebelt und dann weitertransportiert.

Funktionsprinzip

Die Öldosierung kann folgendermaßen eingestellt werden:

Einstellen des Ölers

Ein Richtwert für die Zudosierung ist die Menge von 1 bis 10 Tropfen pro Kubikmeter Druckluft. Die richtige Dosierung kann folgendermaßen überprüft werden: man hält ein Stück weißen Karton im Abstand von ca. 10 cm vor die Abluftöffnung des Stellelements des am weitesten vom Öler entfernten Zylinders. Lässt man die Anlage einige Zeit durchtakten, darf sich auf dem Karton eine leicht gelbliche Färbung zeigen. Abtropfendes Öl ist ein Merkmal für Überölung.

Das vom Verdichter abgeschiedene Öl kann nicht als Schmiermittel für die Antriebsglieder verwendet werden. Durch die im Verdichter erzeugte Hitze ist das Öl verbraucht und verkokt. Es würde zu einer Schmirgelwirkung bei Zylindern und Ventilen führen und deren Leistung erheblich beeinträchtigen.

Öler-Wartung

Ein weiteres Problem bei der Wartung von Systemen, die mit geölter Druckluft betrieben werden, ist der Ölniederschlag an den Rohrinnenwänden der Zuleitungen. Dieser Ölniederschlag kann unkontrolliert in den Luftstrom absorbiert werden und so die Verschmutzung der Druckluftleitungen erhöhen. Die Wartung derartig verschmutzter Anlagen ist äußerst aufwendig, da ein durch Ölniederschlag verschmutztes Rohr nur durch demontieren zu reinigen ist.

Ölniederschlag kann auch zu Verkleben von Bauteilen führen, insbesondere nach längeren Stillstandzeiten. Nach einem Wochenende oder Feiertag kann es passieren, dass geölte Bauteile nicht mehr ordnungsgemäß arbeiten.

Ein Beölen der Druckluft sollte auf die unbedingt zu versorgenden Anlagenteile beschränkt werden. Zur Ölzufuhr werden Druckluftöler am besten direkt vor den verbrauchenden Elementen installiert. Für den Steuerteil einer pneumatischen Anlage sollten Elemente mit Selbstschmierung gewählt werden.

Die Grundregel sollte daher lauten: Aufbereiten der Druckluft in ölfreier Form.

Zusammenfassend sollten folgende Punkte beachtet werden:

- Verdichteröle sollten nicht in das Druckluftnetz gelangen (Ölabscheider installieren).

- Es sollten nur solche Bauteile installiert werden, die auch mit nichtgeölter Luft betrieben werden können.

- Ein einmal mit Öl betriebenes System muss weiter mit Öl betrieben werden, da die Originalschmierung der Bauteile im Laufe der Zeit ausgewaschen wurde.

Wartungseinheit   Bei der Wartungseinheit ist folgendes zu beachten:

- Die Größe der Wartungseinheit bestimmt sich nach der Größe des Luftdurchsatzes (m^3/h). Ein zu großer Luftdurchsatz hat einen hohen Druckabfall in den Geräten zur Folge. Die Herstellerangaben sollten daher unbedingt beachtet werden.

- Der Betriebsdruck darf den an der Wartungseinheit angegebenen Wert nicht überschreiten. Die Umgebungstemperatur sollte nicht höher als 50 °C sein (max. Wert für Kunststoffschalen).

Bild 2.15: Wartungseinheit: Funktionsweise

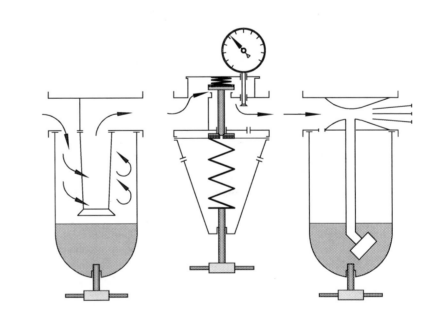

ausführliche Darstellung   vereinfachte Darstellung

Bild 2.16: Wartungseinheit: Symbole

mit Öler

ohne Öler

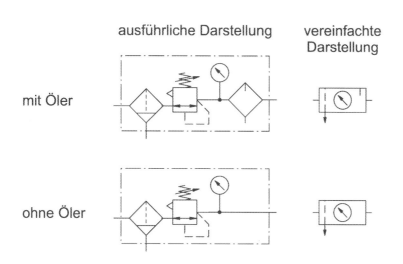

Folgende Wartungsmaßnahmen müssen regelmäßig durchgeführt werden:

Instandhaltung der Wartungseinheiten

- Druckluftfilter:
  Der Kondensatpegel muss regelmäßig überprüft werden, da der am Schauglas angegebene Pegel nicht überschritten werden darf. Ein Überschreiten des Pegels könnte zur Folge haben, dass das angesammelte Kondensat in die Druckluftleitungen gesaugt wird. Das überschüssige Kondensat kann über den Ablasshahn am Schauglas abgelassen werden. Zusätzlich muss die Filterpatrone auf Verschmutzung überprüft und gegebenenfalls gereinigt oder ersetzt werden.

- Druckregelventil
  Dieses bedarf keiner Wartung, vorausgesetzt ein Druckluftfilter ist vorgeschaltet.

- Druckluftöler:
  Auch hier muss die Füllstandsanzeige am Schauglas überprüft und wenn nötig Öl nachgefüllt werden. Es dürfen nur Mineralöle verwendet werden. Plastikfilter und Ölwanne dürfen nicht mit Trichloräthylen gereinigt werden.

Kapitel 3

Aktoren und Ausgabegeräte

Ein Aktor oder Arbeitselement setzt Versorgungsenergie in Arbeit um. Die Bewegung wird über die Steuerung gesteuert, der Aktor reagiert über die Stellelemente auf die Steuersignale. Eine andere Art von Ausgabegeräten sind die Elemente, die den Zustand des Steuerungssystems oder der Aktoren anzeigen, z.B. eine pneumatisch betätigte optische Anzeige.

Pneumatische Arbeitselemente lassen sich in zwei Gruppen unterteilen, die mit geradlinigen Bewegungen und die mit Drehbewegungen:

- Geradlinige Bewegung (Linearbewegung)
  – Einfachwirkender Zylinder
  – Doppeltwirkender Zylinder

- Drehbewegung (Rotationsbewegung)
  – Luftmotor
  – Drehzylinder
  – Schwenkantrieb

3.1 Einfachwirkender Zylinder

Einfachwirkende Zylinder werden nur von einer Seite mit Druckluft beaufschlagt. Diese Zylinder können nur nach einer Richtung Arbeit leisten. Die Einfahrbewegung der Kolbenstange erfolgt durch eine eingebaute Feder oder durch äußere Krafteinwirkung. Die Federkraft der eingebauten Feder ist so bemessen, daß sie den Kolben ohne Last mit genügend großer Geschwindigkeit in seine Ausgangsstellung zurückbringt.

Bild 3.1: Einfachwirkender Zylinder

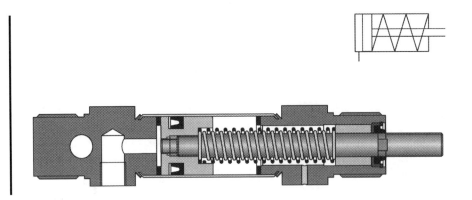

Bei einfachwirkenden Zylindern mit eingebauter Feder ist der Hub durch die Baulänge der Feder begrenzt. Daher werden einfachwirkende Zylinder bis ca. 80 mm Hublänge gebaut.

Aufgrund der Bauart kann der einfachwirkende Zylinder verschiedene Bewegungsfunktionen ausführen, die man mit Zubringen bezeichnet, z.B.:

- Weitergeben
- Abzweigen
- Zusammenführen
- Zuteilen
- Spannen
- Ausgeben

Der einfachwirkende Zylinder hat eine einfache Kolbendichtung an der druckbeaufschlagten Seite. Die Abdichtung erfolgt durch flexibles Material (Perbunan), das dichtend in einem Metall- oder Kunststoffkolben eingebettet ist. Bei Bewegung gleiten die Dichtkanten auf der Zylinderlauffläche. Zu den verschiedenen Bauarten von einfachwirkenden Zylindern zählen auch:

Bauart

- Membranzylinder
- Rollmembranzylinder

Beim Membranzylinder übernimmt eine eingebaute Membran aus Gummi, Kunststoff oder auch Metall die Aufgabe des Kolbens. Die Kolbenstange ist zentrisch an der Membrane befestigt. Eine gleitende Abdichtung erfolgt nicht; es tritt nur Reibung durch die Dehnung des Materials auf. Diese Zylinder werden bei Kurzhubanwendungen zum Spannen, Pressen und Heben eingesetzt.

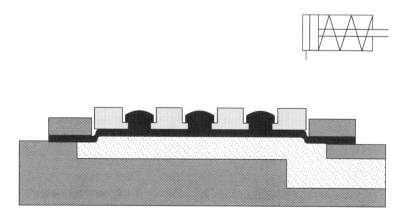

Bild 3.2: Membranzylinder

3.2 Doppeltwirkender Zylinder

Bild 3.3: Doppeltwirkender Zylinder

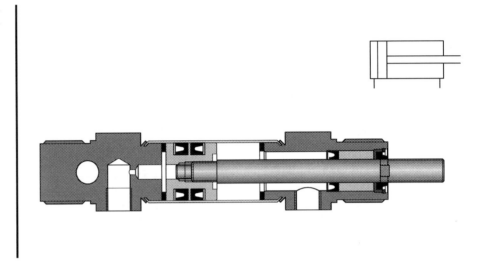

Die Bauweise ähnelt der des einfachwirkenden Zylinders. Es gibt jedoch keine Rückstellfeder, und die beiden Anschlüsse werden jeweils zur Be- und Entlüftung benutzt. Der doppeltwirkende Zylinder hat den Vorteil, daß er Arbeit in beide Richtungen ausführen kann. Daher gibt es vielfältige Einsatzmöglichkeiten. Die auf die Kolbenstange übertragene Kraft ist für den Vorhub etwas größer als für den Rückhub, da die beaufschlagte Fläche auf der Kolbenseite größer ist als die auf der Kolbenstangenseite.

Entwicklungstendenzen

Die Entwicklung des Pneumatikzylinders geht in die folgenden Richtungen:

- Berührungsloses Abtasten - Verwendung von Magneten auf der Kolbenstange für Reedschalter

- Bremsen von schweren Lasten

- Kolbenstangenlose Zylinder bei engen Räumlichkeiten

- Andere Herstellungsmaterialien wie Kunststoff

- Schutzbeschichtung/-mantel gegen schädigende Umwelteinflüsse, z.B. Säurebeständigkeit

- Höhere Belastbarkeit

- Roboteranwendungen mit besonderen Eigenschaften wie verdrehgesicherte Kolbenstangen oder hohle Kolbenstangen für Vakuumsaugnäpfe.

Werden von einem Zylinder große Massen bewegt, so verwendet man eine Dämpfung in der Endlage, um hartes Aufschlagen und Beschädigungen des Zylinders zu vermeiden. Vor Erreichen der Endlage unterbricht ein Dämpfungskolben den direkten Abflussweg der Luft ins Freie. Dafür bleibt ein sehr kleiner, oft einstellbarer Abflussquerschnitt frei. Während des letzten Teils des Hubweges wird die Fahrgeschwindigkeit zunehmend reduziert. Es ist darauf zu achten, dass die Einstellschrauben nie ganz zugedreht sind, da dann die Kolbenstange die jeweilige Endlage nicht erreichen kann.

Zylinder mit Endlagendämpfung

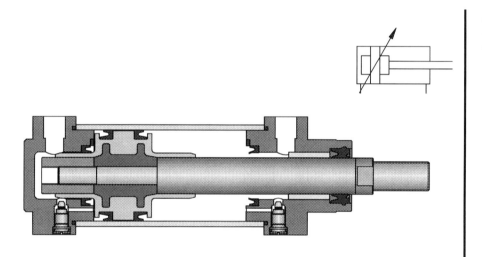

Bild 3.4: Doppeltwirkender Zylinder mit Endlagendämpfung

Bei sehr großen Kräften und hoher Beschleunigung müssen besondere Vorkehrungen getroffen werden. Es werden externe Stoßdämpfer angebracht, um die Verzögerungswirkung zu verstärken.

Die richtige Verzögerung wird so erreicht:

- Einstellschraube festziehen.
- Einstellschraube schrittweise wieder lösen, bis der gewünschte Wert eingestellt ist.

Tandemzylinder

Bei dieser Bauart handelt es sich um zwei doppeltwirkende Zylinder, die zu einer Baueinheit zusammengesetzt sind. Durch diese Anordnung und bei gemeinsamer Beaufschlagung der beiden Kolben verdoppelt sich nahezu die Kraft an der Kolbenstange. Dieser Zylinder wird überall dort eingesetzt, wo große Kraft benötigt wird, aber der Zylinderdurchmesser eine Rolle spielt.

Bild 3.5: Tandemzylinder

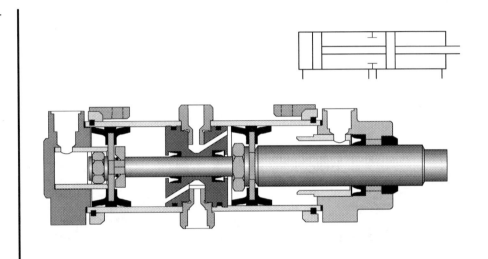

Zylinder mit durchgehender Kolbenstange

Dieser Zylinder hat nach beiden Seiten eine Kolbenstange. Die Kolbenstange ist durchgehend. Die Führung der Kolbenstange ist besser, da zwei Lagerstellen vorhanden sind. Die Kraft ist in beiden Bewegungsrichtungen gleich groß.

Die durchgehende Kolbenstange kann hohl sein. Sie kann dann zur Durchführung verschiedener Medien, z.B. von Druckluft, verwendet werden. Ein Vakuumanschluß ist ebenfalls möglich.

Bild 3.6: Zylinder mit durchgehender Kolbenstange

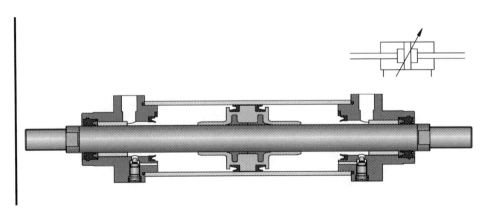

Der Mehrstellungszylinder besteht aus zwei oder mehreren doppeltwirkenden Zylindern. Die Zylinder sind miteinander verbunden. Je nach Druckbeaufschlagung fahren die einzelnen Zylinder aus. Bei zwei Zylindern mit unterschiedlichen Hublängen erhält man vier Stellungen.

Mehrstellungszylinder

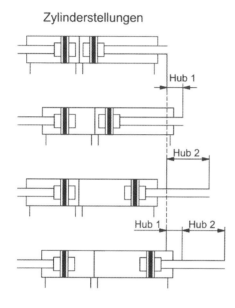

Bild 3.7:
Mehrstellungszylinder

Die Druckkräfte der Druckluftzylinder sind begrenzt. Ein Zylinder für hohe kinetische Energien ist der Schlagzylinder. Die hohe kinetische Energie wird durch eine Erhöhung der Kolbengeschwindigkeit erreicht. Die Kolbengeschwindigkeit des Schlagzylinders liegt zwischen 7,5 m/s und 10 m/s. Bei großen Umformwegen wird die Geschwindigkeit jedoch rasch kleiner. Für große Umformwege ist der Schlagzylinder daher nicht geeignet.

Schlagzylinder

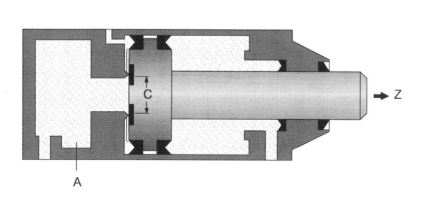

Bild 3.8: Schlagzylinder

Durch die Betätigung eines Ventils baut sich Druck im Raum A auf. Bewegt sich der Zylinder in Richtung Z, wird die volle Kolbenfläche frei. Die Luft aus Raum A kann über den großen Querschnitt C rasch nachfließen. Der Kolben wird stark beschleunigt.

Drehzylinder

Bei dieser Ausführung von doppeltwirkenden Zylindern besitzt die Kolbenstange ein Zahnprofil. Die Kolbenstange treibt ein Zahnrad an, aus einer Linearbewegung ergibt sich eine Drehbewegung. Die Drehbereiche sind verschieden, von 45°, 90°, 180°, 270° bis 360° Schwenkbereich. Das Drehmoment ist abhängig von Druck, Kolbenfläche und Übersetzung, Werte bis etwa 150 Nm sind möglich.

Bild 3.9: Drehzylinder

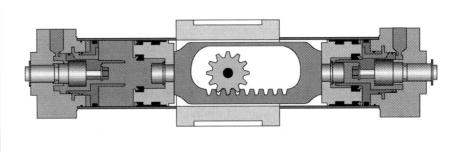

Beim Schwenkantrieb wird die Kraft über einen Schwenkflügel direkt auf die Antriebswelle übertragen. Der Schwenkwinkel ist von 0° bis ca. 180° stufenlos einstellbar. Das Drehmoment sollte 10 Nm nicht überschreiten.

Schwenkantrieb

Bild 3.10: Schwenkantrieb

Eigenschaften von Schwenkantrieben:

- Klein und robust

- Verfügbar mit berührungslosen Sensoren

- Einstellbarer Drehwinkel

- Einfach zu installieren

3.3 Kolbenstangenlose Zylinder

Drei unterschiedliche Funktionsprinzipien werden für den Aufbau von kolbenstangenlosen Zylindern eingesetzt:

- Band- oder Seilzugzylinder
- Dichtbandzylinder mit geschlitztem Zylinderrohr
- Zylinder mit magnetischer Kupplung des Schlittens

Im Vergleich zu herkömmlichen doppeltwirkenden Zylindern bieten kolbenstangenlose Zylinder eine geringere Einbaulänge. Die Gefahr des Knickens der Kolbenstange entfällt und die Bewegung kann über die gesamte Hublänge geführt werden. Diese Zylinderbauart kann für extrem große Hublängen von bis zu 10 m verwendet werden. Vorrichtungen, Lasten und anderes können direkt an der hierfür vorgesehenen Anschraubfläche eines Schlittens oder Außenläufers befestigt werden. Die Kraft ist in beiden Bewegungsrichtungen gleich groß.

Bandzylinder   Bei Bandzylindern wird die Kolbenkraft durch ein umlaufendes Band auf einen Schlitten übertragen. Beim Austritt aus dem Kolbenraum läuft das Band durch eine Dichtung. In den Zylinderdeckeln wird das Band über Führungsrollen umgelenkt. Schmutzabstreifer sorgen dafür, daß keine Verunreinigungen durch das Band zu den Führungsrollen gelangen.

Bild 3.11: Bandzylinder

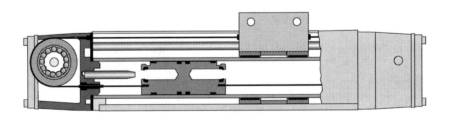

Bei diesem Typ ist das Zylinderrohr über die gesamte Länge mit einem Schlitz versehen. Die Kraftabnahme erfolgt an einem Schlitten, der mit dem Kolben fest verbunden ist. Die Verbindung vom Kolben zum Schlitten wird durch das geschlitzte Zylinderrohr nach außen geführt. Die Abdichtung des Schlitzes erfolgt durch ein Stahlband, das die Innenseite des Schlitzes bedeckt. Zwischen den Dichtungen des Kolbens wird das Band abgebogen und unter dem Schlitten geführt. Ein zweites Band deckt den Schlitz von außen ab, um das Eindringen von Schmutz zu verhindern.

Dichtbandzylinder

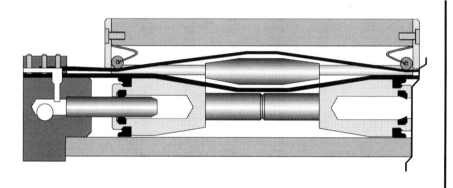

Bild 3.12: Dichtbandzylinder

Zylinder mit magnetischer Kupplung

Dieser doppeltwirkende pneumatische Linearantrieb besteht aus einem Zylinderrohr, einem Kolben und einem beweglichen Außenläufer auf dem Zylinderrohr. Kolben und Außenläufer sind mit Permanentmagneten ausgestattet. Die Bewegungsübertragung vom Kolben auf den Außenläufer geschieht kraftschlüssig durch die magnetische Kupplung. Sobald der Kolben mit Druckluft beaufschlagt wird, bewegt sich der Schlitten synchron mit dem Kolben. Der Zylinderraum ist zum Außenläufer hermetisch abgedichtet, da keine mechanische Verbindung besteht. Es treten keine Leckverluste auf.

Bild 3.13: Zylinder mit magnetischer Kupplung

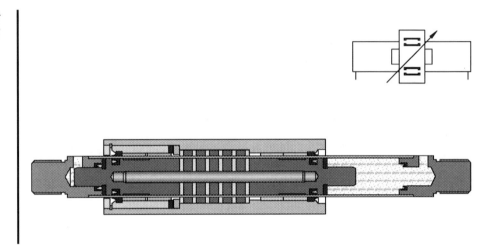

3.4 Zylinderaufbau

Der Zylinder besteht aus Zylinderrohr, Boden- und Lagerdeckel, Kolben mit Dichtung (Doppeltopfmanschette), Kolbenstange, Lagerbuchse, Abstreifring, Verbindungsteilen und Dichtungen.

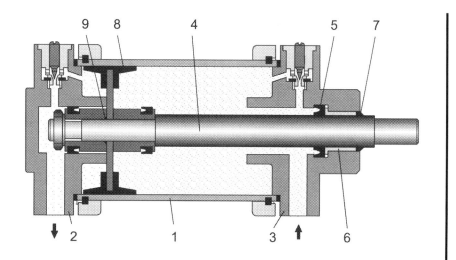

Bild 3.14: Aufbau eines Pneumatikzylinders mit Endlagendämpfung

Das Zylinderrohr (1) wird in den meisten Fällen aus nahtlos gezogenem Stahlrohr hergestellt. Damit die Lebensdauer der Dichtelemente erhöht wird, sind die Laufflächen des Zylinders feinstbearbeitet (gehont). Für Sonderfälle wird das Zylinderrohr aus Aluminium, Messing oder Stahlrohr mit hartverchromter Lauffläche hergestellt. Diese Sonderausführungen werden bei nicht zu häufiger Betätigung oder bei korrosiven Einflüssen eingesetzt.

Für den Boden- (2) und Lagerdeckel (3) kommt vorwiegend Gußmaterial zur Verwendung (Aluminium- oder Temperguss). Die Befestigung der beiden Deckel mit dem Zylinderrohr kann mit Zugstangen, Gewinden oder Flanschen erfolgen.

Die Kolbenstange (4) wird vorzugsweise aus Vergütungsstahl hergestellt. Im allgemeinen sind die Gewinde zur Verminderung der Bruchgefahr gerollt.

Zur Abdichtung der Kolbenstange ist im Lagerdeckel ein Nutring (5) eingebaut. Die Führung der Kolbenstange erfolgt durch die Lagerbuchse (6), die aus Sinterbronze oder kunststoffbeschichteten Metallbuchsen sein kann.

Vor dieser Lagerbuchse befindet sich ein Abstreifring (7). Er verhindert, daß Staub- und Schmutzteile in den Zylinderraum kommen. Ein Faltenbalg ist daher nicht nötig.

Die Werkstoffe für die Doppeltopfmanschette (8) sind:

Perbunan	für $-20\,°C$	bis	$+80\,°C$
Viton	für $-20\,°C$	bis	$+150\,°C$
Teflon	für $-80\,°C$	bis	$+200\,°C$

O-Ringe (9) werden zur statischen Abdichtung eingesetzt.

Bild 3.15:
Zylinderdichtungen

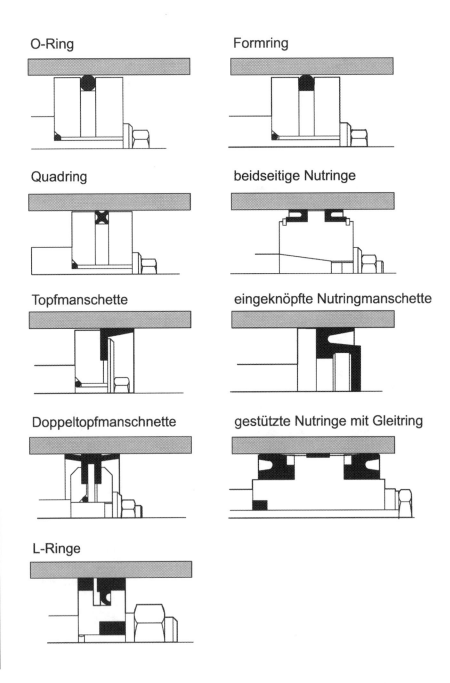

O-Ring

Formring

Quadring

beidseitige Nutringe

Topfmanschette

eingeknöpfte Nutringmanschette

Doppeltopfmanschnette

gestützte Nutringe mit Gleitring

L-Ringe

Die Befestigungsart wird durch den Anbau der Zylinder an Vorrichtungen und Maschinen bestimmt. Dabei kann der Zylinder für eine vorgesehene Befestigungsart fest ausgelegt sein, wenn diese Befestigungsart nicht mehr geändert werden muss. Andernfalls lässt er sich durch entsprechende Zusatzteile nach dem Baukastenprinzip auch später noch für eine andere Befestigungsart umbauen. Gerade bei einem Großeinsatz von pneumatischen Zylindern ergibt dies eine wesentliche Vereinfachung der Lagerhaltung, da nur der Grundzylinder und wahlweise die Befestigungsteile miteinander kombiniert werden müssen.

Befestigungsarten

Bild 3.16: Befestigungsarten von Zylindern

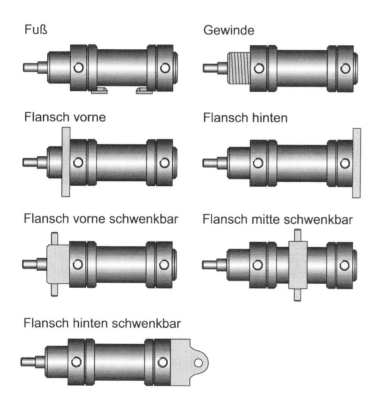

Fuß

Gewinde

Flansch vorne

Flansch hinten

Flansch vorne schwenkbar

Flansch mitte schwenkbar

Flansch hinten schwenkbar

Die Zylinderbefestigung und die Kolbenstangenkupplung müssen sorgfältig auf die jeweilige Anwendung abgestimmt werden, da Zylinder nur in Axialrichtung belastet werden dürfen.

Sobald Kraft auf eine Maschine übertragen wird, treten Belastungen am Zylinder auf. Auch bei Fehlanpassungen und -ausrichtungen am Schaft ist mit Lagerbelastungen am Zylinderrohr und an der Kolbenstange zu rechnen. Dies hat zur Folge:

- Hoher Seitendruck an den Zylinderlagerbuchsen, der zu verstärktem Verschleiß führt

- Hoher Seitendruck an den Führungslagern der Kolbenstange

- Erhöhte und ungleichmäßige Belastungen an Kolbenstangen- und Kolbendichtungen

- Bei großen Zylinderhüben sollte auf die Knickbelastung der Kolbenstange geachtet werden

3.5 Zylindereigenschaften

Leistungsmerkmale von Zylindern können theoretisch oder mit Hilfe der Herstellerdaten berechnet werden. Beide Methoden sind möglich, aber im allgemeinen sind die Herstellerdaten für eine bestimmte Ausführung und Anwendung aussagekräftiger.

Kolbenkraft Die ausgeübte Kolbenkraft eines Arbeitselementes ist abhängig vom Luftdruck, dem Zylinderdurchmesser und dem Reibungswiderstand der Dichtelemente. Die theoretische Kolbenkraft wird nach folgender Formel berechnet:

$$F_{th} = A \bullet p$$
F_{th} = theoretische Kolbenkraft (N)
A = nutzbare Kolbenfläche (m^2)
p = Arbeitsdruck (Pa)

Für die Praxis ist die effektive Kolbenkraft von Bedeutung. Bei ihrer Berechnung ist der Reibungswiderstand zu berücksichtigen. Bei normalen Betriebsverhältnissen (Druckbereich 400 bis 800 kPa/4 bis 8 bar) können die Reibungskräfte mit ca. 10% der theoretischen Kolbenkraft angenommen werden.

Einfachwirkende Zylinder

$$F_{eff} = (A \bullet p) - (F_R + F_F)$$

Doppeltwirkende Zylinder

Vorhub	F_{eff}	=	$(A \bullet p) - F_R$
Rückhub	F_{eff}	=	$(A' \bullet p) - F_R$
	F_{eff}	=	effektive Kolbenkraft (N)
	A	=	nutzbare Kolbenfläche (m²)
		=	$(\dfrac{D^2 \bullet \pi}{4})$
	A'	=	nutzbare Kolbenringfläche (m²)
		=	$(D^2 - d^2)\dfrac{\pi}{4}$
	p	=	Arbeitsdruck (Pa)
	F_R	=	Reibungskraft (ca. 10% von F_{th}) (N)
	F_F	=	Kraft der Rückholfeder (N)
	D	=	Zylinderdurchmesser (m)
	d	=	Kolbenstangendurchmesser (m)

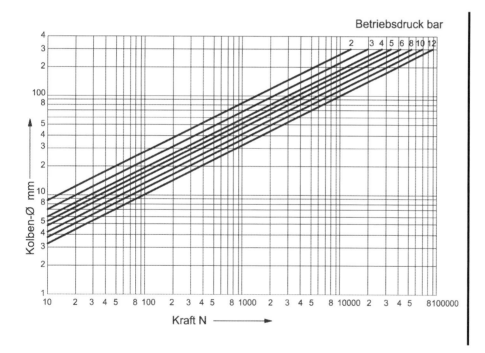

Betriebsdruck bar

Bild 3.17: Druck-Kraft-Diagramm

Hublänge   Die Hublänge bei Pneumatik-Zylindern sollte nicht über 2 m liegen, bei kolbenstangenlosen Zylindern nicht über 10 m.

Durch großen Hub wird die mechanische Belastung der Kolbenstange und der Führungslager zu groß. Um ein Durchknicken der Kolbenstange zu vermeiden, sollte bei großer Hublänge das Knickungsdiagramm beachtet werden.

Bild 3.18:
Knickungsdiagramm

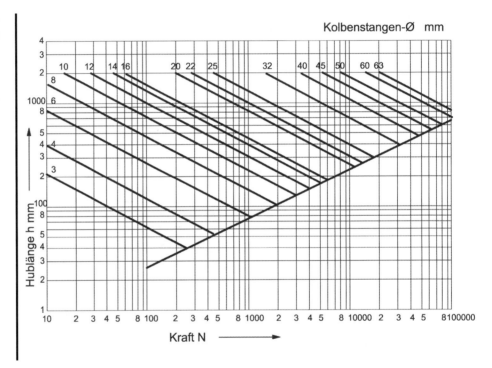

Die Kolbengeschwindigkeit von Pneumatik-Zylindern ist abhängig von der Gegenkraft, dem vorhandenen Luftdruck, der Leitungslänge, dem Leitungsquerschnitt zwischen dem Stellelement und dem Arbeitselement sowie der Durchflussmenge durch das Stellelement. Weiter wird die Geschwindigkeit von der Endlagendämpfung beeinflusst.

Kolbengeschwindigkeit

Die mittlere Kolbengeschwindigkeit von Standardzylindern liegt bei etwa 0,1 bis 1,5 m/s. Mit Spezialzylindern (Schlagzylindern) werden Geschwindigkeiten bis zu 10 m/s erreicht. Die Kolbengeschwindigkeit kann mit Drosselrückschlagventilen gedrosselt werden. Mit Schnellentlüftungsventilen kann die Kolbengeschwindigkeit erhöht werden.

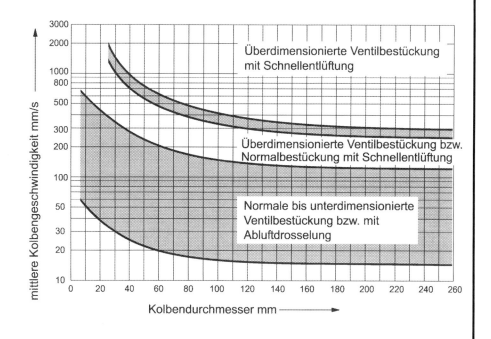

Bild 3.19: Mittlere Kolbengeschwindigkeit unbelasteter Kolben

Luftverbrauch Für die Bereitstellung der Luft bzw. um Kenntnisse über Energiekosten zu bekommen, ist es wichtig, den Luftverbrauch der Anlage zu kennen. Der Luftverbrauch wird in Liter angesaugter Luft pro Minute angegeben. Bei bestimmten Werten für Arbeitsdruck, Kolbendurchmesser, Hub und Hubzahl pro Minute, berechnet sich der Luftverbrauch aus:

Luftverbrauch =
Verdichtungsverhältnis • Kolbenfläche • Hub • Hubzahl pro Minute

$$\text{Verdichtungsverhältnis} = \frac{101,3 + \text{Arbeitsdruck (in kPa)}}{101,3}$$

Bild 3.20: Luftverbrauchs-Diagramm

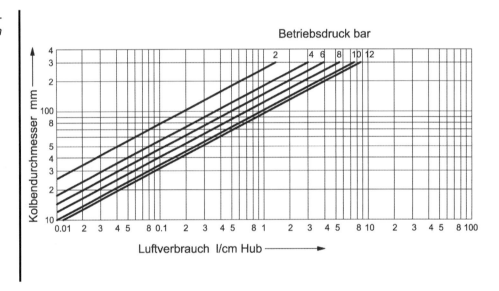

Die Formeln zur Berechnung des Luftverbrauchs nach dem Luftverbrauchsdiagramm lauten:

für einfachwirkende Zylinder

$$q_B = s \bullet n \bullet q_H$$

für doppeltwirkende Zylinder

$$q_B = 2 \bullet s \bullet n \bullet q_H$$
q_B = Luftverbrauch (l/min)
s = Hub (cm)
n = Hubzahl pro Minute (1/min)
q_H = Luftverbrauch pro cm Hub (l/cm)

Bei diesen Formeln wird der unterschiedliche Luftverbrauch doppeltwirkender Zylinder bei Vor- und Rückhub nicht berücksichtigt. Aufgrund anderer Toleranzen in Leitungen und Ventilen kann er vernachlässigt werden.

Zum Gesamtluftverbrauch eines Zylinders zählt auch das Füllen der Toträume. Der Luftverbrauch zum Füllen der Toträume kann bis zu 20% des Arbeitsluftverbrauchs beitragen. Toträume eines Zylinders sind Druckluftzuleitungen im Zylinder selbst und nicht für den Hub nutzbare Räume in den Endstellungen des Kolbens.

Kolben-durchmes-ser in mm	Deckelseite in cm^3	Bodensei-ten in cm^3	Kolben-durchmes-ser in mm	Deckelseite in cm^3	Bodensei-ten in cm^3
12	1	0.5	70	27	31
16	1	1.2	100	80	88
25	5	6	140	128	150
35	10	13	200	425	448
50	16	19	250	2005	2337

Tabelle 3.1: Toträume von Zylindern (1000 cm^3 = 1l)

3.6 Motoren

Geräte, die pneumatische Energie in mechanische Drehbewegung umformen, die auch fortdauernd sein kann, nennt man Druckluftmotoren. Der Druckluftmotor gehört im Montagebereich zu den häufig verwendeten Arbeitselementen. Man unterteilt die Druckluftmotoren nach ihrem Aufbau in:

- Kolbenmotoren

- Lamellenmotoren

- Zahnradmotoren

- Turbinenmotoren (Strömungsmotoren)

Bild 3.21: Luftmotoren

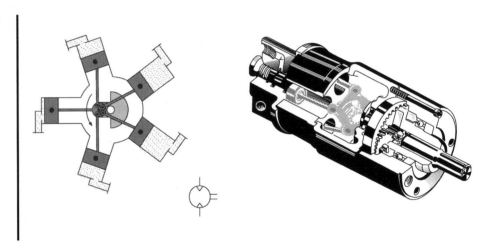

Kolbenmotoren

Diese Bauart wird noch unterteilt in Radial- und Axialkolbenmotoren. Durch hin- und hergehende Kolben treibt die Druckluft über ein Pleuel die Kurbelwelle des Motors an. Damit ein stoßfreier Lauf gewährleistet ist, sind mehrere Zylinder erforderlich. Die Leistung der Motoren ist abhängig vom Eingangsdruck, der Anzahl der Kolben, der Kolbenfläche und der Hub- und Kolbengeschwindigkeit.

Die Arbeitsweise der Axialkolbenmotoren ist ähnlich der Radialkolbenmotoren. In 5 axial angeordneten Zylindern wird die Kraft über eine Taumelscheibe in eine drehende Bewegung umgewandelt. Zwei Kolben werden dabei gleichzeitig mit Druckluft beaufschlagt, damit ein ausgeglichenes Drehmoment den ruhigen Lauf des Motors erzeugt.

Diese Druckluftmotoren werden rechts- sowie auch linksdrehend angeboten. Die Maximaldrehzahl liegt bei ca. 5000 min^{-1}, der Leistungsbereich bei Normaldruck zwischen 1,5 und 19 kW (2 - 25 PS).

Durch die einfache Bauweise und das geringe Gewicht werden Druck-luftmotoren meist als Rotationsmaschinen mit Lamellen ausgeführt.

In einem zylinderförmigen Raum ist ein Rotor exzentrisch gelagert. In dem Rotor befinden sich Schlitze. Die Lamellen werden in den Schlitzen des Rotors geführt und durch die Fliehkraft nach außen an die Zylinder-Innenwand gedrückt. Bei anderen Bauarten wird das Anliegen der La-mellen durch Federn erreicht. Die Abdichtung der einzelnen Kammern ist damit gewährleistet.

Die Rotordrehzahl liegt zwischen 3000 und 8500 min^{-1}. Auch hier gibt es rechts- und linksdrehende Einheiten, sowie Leistungsbereiche von 0,1 bis 17 kW (0,14 - 24 PS).

Lamellenmotoren

Die Erzeugung des Drehmoments erfolgt bei dieser Bauart durch den Druck der Luft gegen die Zahnflanken zwei im Eingriff stehender Zahn-räder. Ein Zahnrad ist dabei fest mit der Motorwelle verbunden. Zahn-radmotoren werden mit Gerad- oder Schrägverzahnung hergestellt. Die-se Zahnradmotoren stehen als Antriebsmaschinen mit einer hohen Leis-tung (bis ca. 44 kW/60 PS) zur Verfügung. Die Drehrichtung ist auch bei diesen Motoren umsteuerbar.

Zahnradmotoren

Turbinenmotoren können nur für kleine Leistungen eingesetzt werden. Der Drehzahlbereich ist aber sehr hoch (Luftbohrer beim Zahnarzt 500 000 min^{-1}). Die Funktionsweise entspricht der Umkehrung des Strömungsverdichterprinzips.

Turbinenmotoren (Strömungsmotoren)

Eigenschaften von Druckluftmotoren:

- Stufenlose Regelung von Drehzahl und Drehmoment

- Große Drehzahlauswahl

- Kleine Bauweise (Gewicht)

- Überlastsicher

- Unempfindlich gegen Staub, Wasser, Hitze, Kälte

- Explosionssicher

- Geringer Wartungsaufwand

- Drehrichtung ist leicht umsteuerbar

3.7 Anzeigeinstrumente

Anzeigeinstrumente zeigen visuell den Betriebszustand eines pneumatischen Systems an und dienen der Fehlerdiagnose.

Hierzu zählen die folgenden Geräte:

- Zähler zur Anzeige von Zählzyklen

- Druckmessgeräte zur Anzeige von Druckwerten

- Zeitgeber mit visueller Anzeige der Zeitverzögerung

- Optische Signalgeber

Optische Signalgeber   Die verschiedenen Farben von optischen Signalgebern haben jeweils eine bestimmte Bedeutung für den Betriebszustand einer Steuerung. Die visuellen Anzeigen sind auf dem Steuerpult angebracht und zeigen den Status von Steuerfunktionen und die gerade aktiven Schritte des Ablaufes an. Die Farben von visuellen Signalgebern in Übereinstimmung mit DIN VDE 0113 sind:

Tabelle 3.2: Optische
Signalgeber

Farbe	Bedeutung	Anmerkung
Rot	Halt, Aus	Maschinen- oder Anlagezustand, der sofortige Maßnahmen verlangt
Gelb	Eingriff	Änderung oder unmittelbar bevorstehende Änderung von Bedingungen
Grün	Start, Ein	Normaler Betrieb, sicherer Zustand, freie Eingabe
Blau	Beliebige Bedeutung	Beliebige Bedeutung, die nicht durch rot, gelb oder grün ausgedrückt werden kann
Weiß oder farblos	Keiner besonderen Bedeutung zugeordnet	Ohne besondere Bedeutung, kann in Fällen benutzt werden, wo weder rot, gelb oder grün benutzt werden kann

Kapitel 4

Wegeventile

4.1 Bauarten

Wegeventile sind Geräte, die den Weg eines Luftstromes beeinflussen, und zwar vorwiegend Start – Stop – Durchflussrichtung. Das Ventilsymbol gibt Aufschluss über die Zahl der Anschlüsse, Schaltstellungen und die Betätigungsart. Diese Schaltzeichen sagen jedoch nichts über den konstruktiven Aufbau aus, sondern zeigen nur die Funktion des Ventils.

Als **Ruhestellung** wird bei Ventilen mit vorhandener Rückstellung, z.B. Feder, die Schaltstellung bezeichnet, die von den beweglichen Teilen des Ventils eingenommen wird, wenn das Ventil nicht angeschlossen ist.

Ausgangsstellung wird die Schaltstellung genannt, die die beweglichen Teilen eines Ventils nach Einbau des Ventils in eine Anlage und Einschalten des Netzdruckes sowie gegebenenfalls der elektrischen Spannung einnehmen und mit der das vorgesehene Schaltprogramm beginnt.

Das Konstruktionsprinzip eines Wegeventils ist ein wichtiger Faktor für die Lebensdauer, Schaltzeit, Betätigungsart, Anschlussmethoden und Größe.

Konstruktionsarten von Wegeventilen:

- Sitzventile
  - Kugelsitzventile
  - Tellersitzventile

- Schieberventile
  - Längsschieberventile (Kolbenventile)
  - Längs-Flachschieberventile
  - Plattenschieberventile

Sitzventile Bei Sitzventilen werden die Wege mittels Kugel, Teller, Platte oder Kegel geöffnet oder geschlossen. Die Ventilsitze sind in der Regel mit Gummidichtungen abgedichtet. Sitzventile haben kaum Verschleißteile und deshalb eine lange Lebensdauer. Sie sind schmutzunempfindlich und widerstandsfähig. Die benötigte Betätigungskraft ist jedoch relativ hoch, da die Kraft der eingebauten Rückstellfeder und der Luftdruck überwunden werden müssen.

Schieberventile Bei Schieberventilen werden die einzelnen Anschlüsse durch Längsschieber, Längs-Flachschieber oder Plattenschieber verbunden oder geschlossen.

4.2 2/2-Wegeventile

Das 2/2-Wegeventil hat zwei Anschlüsse und zwei Schaltstellungen (geöffnet, gesperrt). In der gesperrten Schaltstellung ist bei diesem Ventil keine Entlüftung vorgesehen (im Gegensatz zum 3/2-Wegeventil). Die häufigste Bauart ist der Kugelsitz.

Das 2/2-Wegeventil wird manuell, mechanisch oder pneumatisch betätigt.

4.3 3/2-Wegeventile

Mit dem 3/2-Wegeventil können Signale gesetzt und rückgesetzt werden. Das 3/2-Wegeventil hat drei Anschlüsse und zwei Schaltstellungen. Durch den dritten Anschluss 3 kann der Signalweg entlüftet werden. Durch eine Feder wird eine Kugel gegen den Ventilsitz gedrückt, und der Durchfluss vom Druckanschluss 1 zur Arbeitsleitung 2 wird gesperrt. Der Anschluss 2 wird entlang des Stößels zum Anschluss 3 entlüftet.

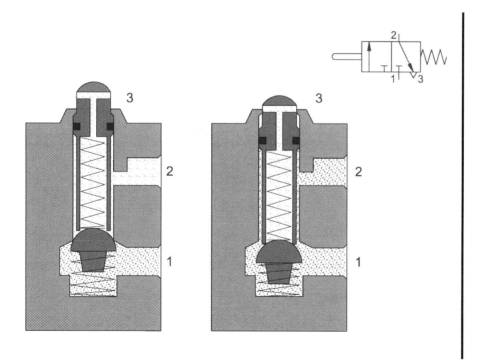

Bild 4.1: 3/2-Wegeventil, Sperr-Ruhestellung, Kugelsitz

Durch die Betätigung des Ventilstößels wird die Kugel vom Sitz abgedrückt. Dabei muss die Federkraft der Rückstellfeder und die Kraft der anstehenden Druckluft überwunden werden.

Im betätigten Zustand sind die Anschlüsse 1 und 2 verbunden, das Ventil ist auf Durchfluss geschaltet. Das Ventil wird in diesem Fall entweder manuell oder mechanisch betätigt. Die Betätigungskraft hängt vom Versorgungsdruck und der Reibung im Ventil ab. Dies begrenzt die Größe des Ventils. Kugelsitzventile sind einfach und kompakt in der Bauweise.

Bild 4.2: Schaltplan: Ansteuerung eines einfachwirkenden Zylinders

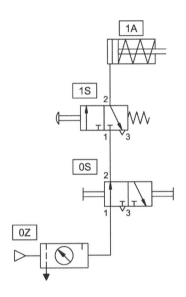

In diesem Schaltplan wird der einfachwirkende Zylinder 1A von dem 3/2-Wegeventil 1S angesteuert. Das über Handtaster betätigte Ventil ist in der Sperr-Ruhestellung. Der Anschluss 1 ist abgesperrt, der Zylinder wird über die Leitung 2 nach 3 entlüftet. Bei Betätigen des Handtasters kann die Druckluft von 1 nach 2 strömen und der Zylinderkolben fährt gegen die Kraft der Rückstellfeder aus. Wird der Handtaster nicht mehr betätigt, schaltet das Ventil durch die Kraft der Rückstellfeder um. Die Kolbenstange fährt durch die Kraft der Zylinderrückstellfeder in seine hintere Endlage.

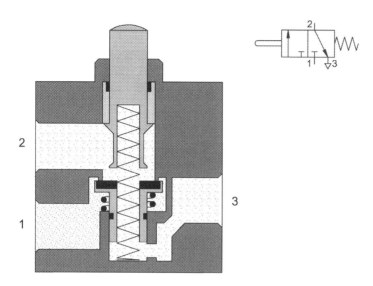

*Bild 4.3: 3/2-Wegeventil,
Sperr-Ruhestellung,
Tellersitz, unbetätigt*

Das Ventil ist nach dem Tellersitzprinzip aufgebaut. Die Dichtung ist einfach und wirksam. Die Ansprechzeit ist kurz, und über einen kleinen Bewegungsweg wird ein großer Querschnitt zum Durchströmen der Luft frei. Wie die Kugelsitzventile sind auch diese Ventile schmutzunempfindlich und haben daher eine lange Lebensdauer. Die 3/2-Wegeventile werden für Steuerungen mit einfachwirkenden Zylindern oder zum Ansteuern von Stellelementen verwendet.

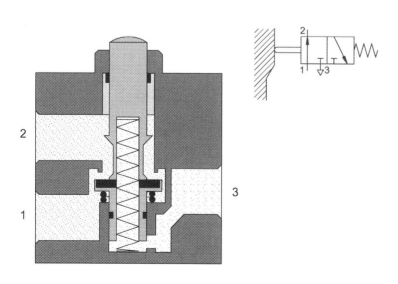

*Bild 4.4: 3/2-Wegeventil,
Sperr-Ruhestellung,
Tellersitz, betätigt*

Bei einem Ventil mit Durchfluss-Ruhestellung ist der Anschluss 1 nach 2 in der Ruhestellung geöffnet. Der Ventiltellersitz sperrt den Anschluss 3 ab. Bei Betätigung des Ventilstößels wird der Druckluftanschluss 1 durch den Stößel abgesperrt und der Ventilteller wird vom Sitz abgehoben. Die Abluft kann nun von 2 nach 3 entweichen. Wird der Ventilstößel nicht mehr betätigt, setzt die Rückstellfeder den Ventilstößel und den Ventilteller in die Ausgangsstellung zurück. Die Druckluft strömt wieder von 1 nach 2.

Die Betätigung von 3/2-Wegeventilen kann manuell, mechanisch, elektrisch oder pneumatisch erfolgen. Die Betätigungsart richtet sich nach den Anforderungen der Steuerung.

Bild 4.5: 3/2-Wegeventil, Durchfluss-Ruhestellung, Tellersitz, unbetätigt

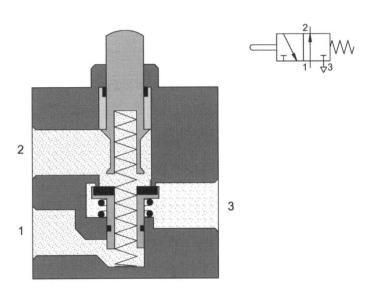

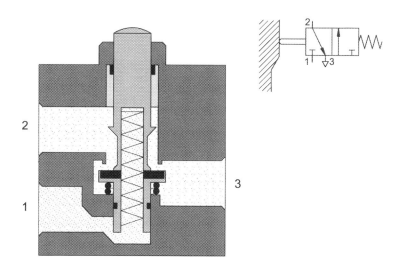

Bild 4.6: 3/2-Wegeventil, Durchfluss-Ruhestellung, Tellersitz, betätigt

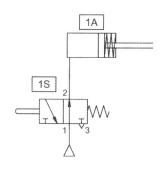

Bild 4.7: Schaltplan: Ansteuerung eines einfachwirkenden Zylinders

In diesem Schaltplan wird der einfachwirkende Zylinder 1A über das 3/2-Wegeventil in Durchfluss-Ruhestellung 1S mit Druckluft beaufschlagt. Der Zylinderkolben ist in der Ausgangsstellung ausgefahren. Bei Betätigung des Ventils wird die Druckluftzufuhr von 1 nach 2 abgesperrt. Der Kolbenraum wird über den Anschluss 2 nach 3 entlüftet, und durch die Kraft der Rückstellfeder fährt die Kolbenstange ein.

3/2-Wege-Handschiebeventil

Die Bauweise des Ventils ist einfach. Die Betätigung erfolgt durch Verschieben der Griffhülse in Längsrichtung. Dieses Ventil wird als Absperrventil eingesetzt und dient vorwiegend zur Be- und Entlüftung von Steuerungsanlagen oder Teilen von Anlagen.

Bild 4.8: 3/2-Wege-Handschiebeventil

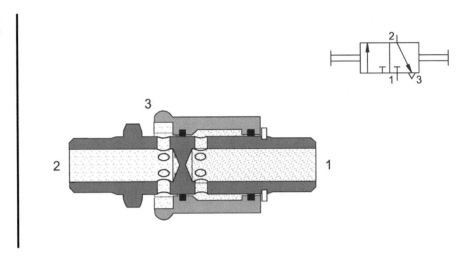

Das druckluftbetätigte 3/2-Wege-Pneumatikventil wird über ein pneumatisches Signal am Eingang 12 betätigt. Der abgebildete Schaltplan zeigt ein druckluftbetätigtes Ventil mit Federrückstellung in Sperr-Ruhestellung.

Druckluftbetätigung: 3/2-Wege-Pneumatikventil

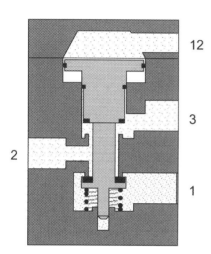
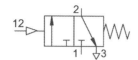

Bild 4.9: 3/2-Wege-Pneumatikventil, druckluftbetätigt, mit Rückstellfeder, unbetätigt

Durch die Beaufschlagung des Steuerkolbens mit Druckluft bei Anschluss 12 wird der Ventilstößel gegen die Rückstellfeder umgesteuert. Die Anschlüsse 1 und 2 werden miteinander verbunden. Nach Entlüftung des Steueranschlusses 12 wird der Steuerkolben durch die eingebaute Feder in die Ausgangslage zurückgestellt. Der Teller schließt 1 nach 2 ab. Die Abluft der Arbeitsleitung 2 kann über 3 entlüften. Das 3/2-Wege-Pneumatikventil mit Rückstellfeder kann in Sperr-Ruhestellung und Durchfluss-Ruhestellung verwendet werden.

Bild 4.10: 3/2-Wege-
Pneumatikventil,
druckluftbetätigt, mit
Rückstellfeder, betätigt

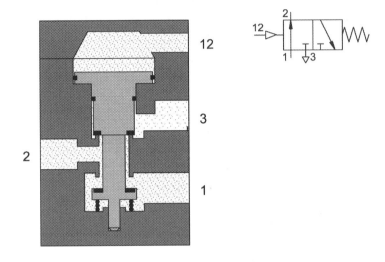

Bild 4.11: Schaltplan:
Ansteuerung eines
einfachwirkenden Zylinders

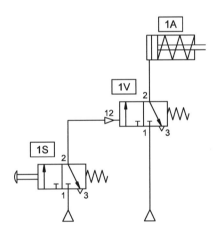

Ein druckluftbetätigtes Ventil kann als Stellelement zur indirekten Ansteuerung eingesetzt werden. Das Signal zum Ausfahren des Zylinders 1A wird indirekt über das muskelkraftbetätigte 3/2-Wegeventil 1S ausgelöst, das das Steuersignal an das Stellelement 1V weiterleitet.

Für die Durchfluss-Ruhestellung müssen lediglich die Anschlüsse 1 und 3 invers zur Sperr-Ruhestellung angeschlossen werden. Der Kopf des Ventils mit dem Steueranschluss 12 kann um 180° gedreht werden. Der Steueranschluss wird dann mit 10 bezeichnet.

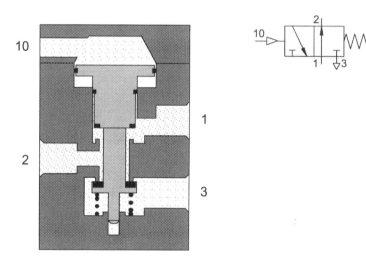

Bild 4.12: 3/2-Wege-Pneumatikventil, Durchfluss-Ruhestellung, unbetätigt

Wird ein Ventil in Durchfluss-Ruhestellung in der Position von Ventil 1V eingesetzt, so ist der Kolben in der Ausgangsstellung ausgefahren und fährt nach Betätigung des Drucktasters von Ventil 1S ein.

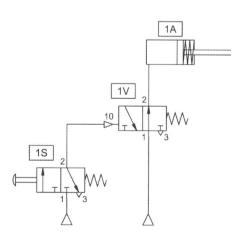

Bild 4.13: Schaltplan: indirekte Ansteuerung eines einfachwirkenden Zylinders

3/2-Wege-
Rollenhebelventil mit
Vorsteuerung

Vorgesteuerte Ventile benötigen nur geringe Betätigungskräfte. Ein Kanal mit kleinem Durchmesser verbindet den Druckluftanschluss 1 mit dem Vorsteuerventil. Wird der Rollenhebel betätigt, so öffnet das Vorsteuerventil. Die anstehende Druckluft strömt zur Membran und bewegt den Ventilteller nach unten. Die Ventilumsteuerung erfolgt in zwei Phasen: Zunächst wird der Anschluss 2 nach 3 gesperrt, dann der Anschluss 1 nach 2 geöffnet.

Die Rückstellung erfolgt durch Loslassen des Rollenhebels. Dadurch wird das Vorsteuerventil gesperrt. Die Entlüftung erfolgt an der Führungsbuchse des Stößels entlang. Der Steuerkolben des Hauptventils wird durch die Rückstellfeder in seine Ausgangslage gebracht.

Bild 4.14: Vorsteuereinheit:
links unbetätigt, rechts
betätigt

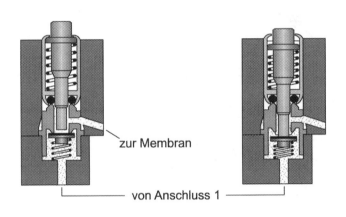

zur Membran

von Anschluss 1

Auch diese Ventilart kann wahlweise in der Sperr- oder Durchfluss-Ruhestellung eingesetzt werden. Es müssen lediglich die Anschlüsse 1 und 3 vertauscht und der Betätigungsaufbau um 180° gedreht werden.

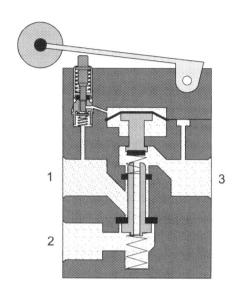
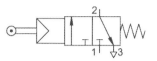

Bild 4.15: 3/2-Wege-Rollenhebelventil, vorgesteuert, Sperr-Ruhestellung

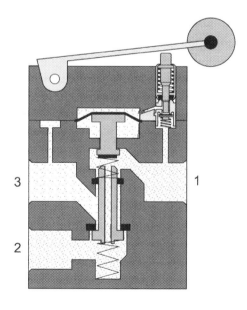
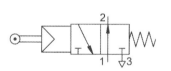

Bild 4.16: 3/2-Wege-Rollenhebelventil, vorgesteuert, Durchfluss-Ruhestellung

Kipprollenventil mit Leerrücklauf

Das Kipprollenventil mit Leerrücklauf schaltet nur, wenn die Bewegung des Schaltnockens an der Kipprolle aus einer bestimmten Richtung erfolgt. Das Ventil wird als Grenztaster für die Positionsabfrage der ein- und ausgefahrenen Kolbenstange eingesetzt. Es ist darauf zu achten, dass das Ventil ordnungsgemäß in Bewegungsrichtung angebracht ist.

Auch diese Ventilart kann wahlweise in der Sperr- oder Durchfluss-Ruhestellung eingesetzt werden. Für die Durchfluss-Ruhestellung müssen lediglich die Anschlüsse 1 und 3 invers zur Sperr-Ruhestellung angeschlossen werden. Der Kopf des Ventils mit dem Kipprollenaufsatz kann um 180° gedreht werden.

Bild 4.17: 3/2-Wege-Kipprollenventil, vorgesteuert, Durchfluss-Ruhestellung

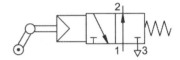

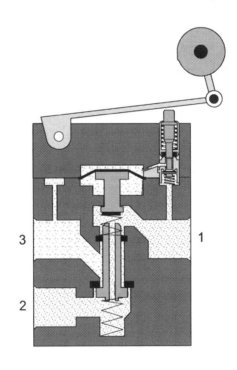

4.4 4/2-Wegeventile

Das 4/2-Wegeventil hat vier Anschlüsse und zwei Schaltstellungen.

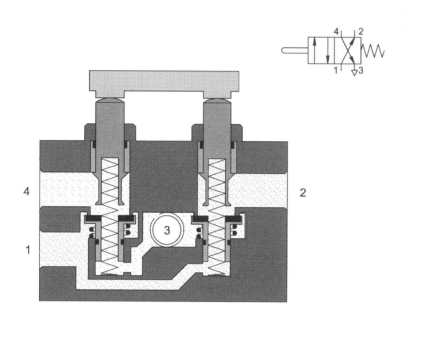

Bild 4.18: 4/2-Wegeventil, Tellersitz, unbetätigt

Ein 4/2-Wegeventil erfüllt dieselbe Funktion wie eine Kombination von zwei 3/2-Wegeventilen, wobei ein Ventil in Sperr-Ruhestellung und das andere in Durchfluss-Ruhestellung angeschlossen sein muss.

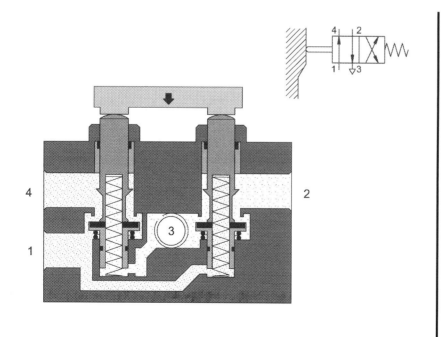

Bild 4.19: 4/2-Wegeventil, Tellersitz, betätigt

Ansteuerung des Ventils: Die zwei Ventilstößel werden gleichzeitig betätigt und sperren die Anschlüsse 1 nach 2 und 4 nach 3 zunächst ab. Durch weiteres Drücken der Ventilstößel gegen die Tellersitze und gegen die Kraft der Rückstellfeder werden die Anschlüsse 1 nach 4 und 2 nach 3 geöffnet.

Das Ventil hat einen überschneidungsfreien Entlüftungsanschluss und wird durch die Rückstellfeder in seine Ausgangsposition zurückgesetzt. Diese Ventile werden für die Ansteuerung von doppeltwirkenden Zylindern eingesetzt.

Bild 4.20: Schaltplan: Direkte Ansteuerung eines doppeltwirkenden Zylinders

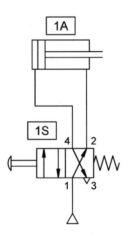

4/2-Wegeventile gibt es auch einseitig druckluftbetätigt mit Rückstellfeder oder beidseitig druckluftbetätigt, als Rollenhebelventil mit Vorsteuerung und als Flachschieber- oder Kolbenschieberventil. Das 4/2-Wegeventil wird in der Regel für die gleichen Aufgaben wie das 5/2-Wegeventil eingesetzt.

Das Längs-Flachschieberventil besitzt einen Steuerkolben zur Umsteuerung des Ventils. Die Leitungen werden aber durch einen zusätzlichen Flachschieber miteinander verbunden bzw. voneinander getrennt.

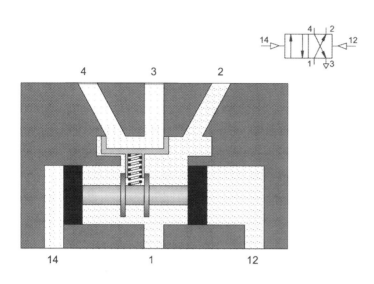

*Bild 4.21: 4/2-Wege-
Impulsventil, Längs-
Flachschieber*

Die Umsteuerung erfolgt durch direkte Druckbeaufschlagung. Bei Wegnahme der Druckluft von der Steuerleitung bleibt der Steuerkolben in der jeweiligen Position stehen, bis er von der anderen Steuerleitung ein Signal erhält.

4.5 4/3-Wegeventile

Das 4/3-Wegeventil hat vier Anschlüsse und drei Schaltstellungen. Ein Beispiel für ein 4/3-Wegeventil ist das Plattenschieberventil. Diese Ventile werden meist nur mit Hand- oder Fußbetätigung hergestellt. Bei Betätigung werden durch Verdrehen von zwei Scheiben die Durchflusskanäle miteinander verbunden.

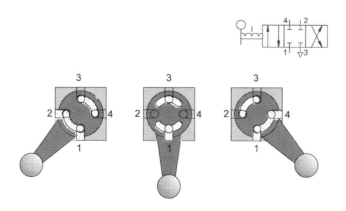

*Bild 4.22: 4/3-Wegeventil,
Mittelstellung, gesperrt*

Bild 4.23: 4/3-Wegeventil, Querschnitt

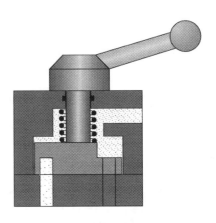

Der Schaltplan zeigt ein 4/3-Wegeventil in Mittelstellung gesperrt. Mit diesem Ventil kann die Kolbenstange eines Zylinders an jeder beliebigen Stelle des Hubweges angehalten werden. Ein genaues Positionieren der Kolbenstange ist jedoch nicht möglich. Aufgrund der Kompressibilität der Luft ändert sich die Position der Kolbenstange, wenn sich ihre Belastung ändert.

Bild 4.24: Schaltplan: Direkte Ansteuerung eines doppeltwirkenden Zylinders

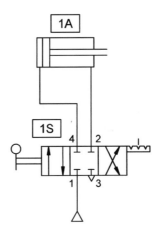

4.6 5/2-Wegeventile

Das 5/2-Wegeventil hat fünf Arbeitsanschlüsse und zwei Schaltstellungen. Es wird hauptsächlich als Stellelement für die Ansteuerung von Zylindern eingesetzt.

Ein Beispiel für ein 5/2-Wegeventil ist das Längsschieberventil. Als Steuerelement besitzt es einen Steuerkolben, der die entsprechenden Anschlüsse durch Längsbewegungen miteinander verbindet bzw. trennt. Im Gegensatz zum Kugel- oder Tellersitzprinzip ist die Betätigungskraft dabei gering, weil kein anstehender Luftdruck oder Federdruck zu überwinden ist.

Bei den Längsschieberventilen sind sämtliche Betätigungsarten – manuell, mechanisch, elektrisch oder pneumatisch – möglich. Auch zur Rückstellung des Ventils in seine Ausgangslage können diese Betätigungsarten angewandt werden.

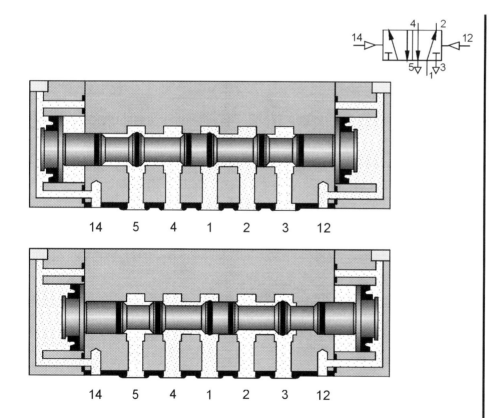

Bild 4.25: 5/2-Wege-Impulsventil, Längsschieberprinzip

Der Betätigungsweg ist wesentlich länger als bei Sitzventilen. Bei dieser Ausführung von Schieberventilen ist die Abdichtung problematisch. Die von der Hydraulik her bekannte Abdichtung: "Metall auf Metall" erfordert ein genaues Einpassen des Schiebers in die Gehäusebohrung.

Die Spaltweite zwischen Schieber und Gehäusebohrung sollte bei Pneumatik-Ventilen möglichst gering sein, da sonst die Leckverluste zu groß werden. Typische Werte für die Spaltweite liegen zwischen 0,002 mm und 0,004 mm. Um die Kosten für diese teure Einpassarbeit zu sparen, wird auf dem Kolben mit O-Ringen und Doppeltopfmanschetten oder im Gehäuse mit O-Ringen abgedichtet. Die Anschlussöffnungen können, um eine Beschädigung der Dichtelemente zu verhindern, auf dem Umfang der Kolbenlaufbüchse verteilt werden.

Bild 4.26: Schaltplan: Indirekte Ansteuerung eines doppeltwirkenden Zylinders

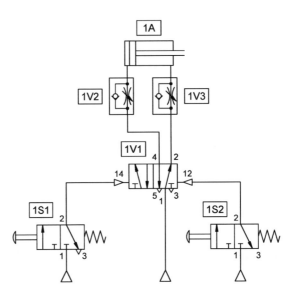

Das 5/2-Wegeventil wird oft an Stelle des 4/2-Wegeventils eingesetzt. Mit dem 5/2-Wegeventil kann die Luft beim Ein- und Ausfahren der Kolbenstange über getrennte Entlüftungsanschlüsse abgeführt werden. Die Steuerungsfunktionen des 4/2- und 5/2-Wegeventils sind jedoch grundsätzlich dieselben.

Eine weitere Dichtungsmethode ist die Verwendung von Tellersitzdichtungen mit relativ kleiner Schaltbewegung. Die Tellersitzdichtung verbindet Anschluss 1 mit 2 oder 4. Sekundärdichtungen auf dem Kolben verschließen den jeweils nicht benötigten Entlüftungsanschluss. Das abgebildete Ventil hat auf beiden Seiten eine Handhilfsbetätigung um den Kolben zu steuern.

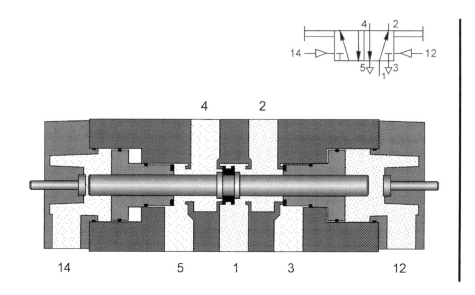

Bild 4.27: 5/2-Wege-Impulsventil, Durchfluss von 1 nach 2

Das beidseitig druckluftbetätigte 5/2-Wege-Impulsventil hat speichernde Funktion. Das Ventil wird durch wechselseitige pneumatische Signale auf Anschluss 14 oder 12 umgesteuert. Die Schaltstellung bleibt nach Wegnahme des Signals solange erhalten, bis ein Gegensignal erfolgt.

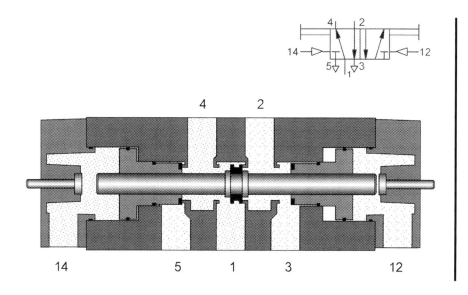

Bild 4.28: 5/2-Wege-Impulsventil, Durchfluss von 1 nach 4

4.7 5/3-Wegeventile

Das 5/3-Wegeventil hat fünf Arbeitsanschlüsse und drei Schaltstellungen. Mit diesen Ventilen können doppeltwirkende Zylinder innerhalb des Hubbereiches stillgesetzt werden. Dabei wird bei Ruhestellung gesperrt der Zylinderkolben in der Mittelstellung unter Druck kurzzeitig eingespannt, bei Ruhestellung entlüftet lässt sich der Kolben drucklos bewegen. Steht an beiden Steueranschlüssen kein Signal an, wird das Ventil federzentriert in Mittelstellung gehalten.

Bild 4.29: 5/3-Wegeventil, Ruhestellung gesperrt

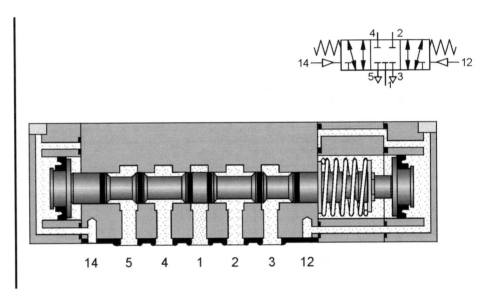

4.8 Durchflusswerte von Ventilen

Druckverlust und Luftdurchsatz bei Pneumatikventilen sind wichtige Angaben für den Anwender. Die Ventilauswahl hängt ab von

- Volumen und Geschwindigkeit des Zylinders

- verlangter Schalthäufigkeit

- zulässigem Druckabfall

Pneumatikventile werden mit ihrem Nenndurchfluss gekennzeichnet. Bei der Berechnung von Durchflusswerten müssen verschiedene Faktoren berücksichtigt werden. Diese Faktoren sind:

p_1 Druck an der Ventil-Eingangsseite (kPa oder bar)
p_2 Druck an der Ventil-Ausgangsseite (kPa oder bar)
Δp Druckdifferenz ($p_1 - p_2$) (kPa oder bar)
T_1 Temperatur (K)
q_n Nenndurchfluss (l/min)

Das Ventil wird bei der Messung in einer Richtung mit Luft durchströmt. Der Eingangsdruck und der Ausgangsdruck werden gemessen. Mit einem Mengenmesser wird der Durchfluss der Luft gemessen.

Angaben zu den Nenndurchflusswerten können den Herstellerkatalogen entnommen werden.

4.9 Zuverlässiger Betrieb von Ventilen

Montieren von Rollenhebelventilen:

Die Zuverlässigkeit einer Steuerung hängt in entscheidendem Maße von dem ordnungsgemäßen Anbringen der Grenztaster ab. Die Grenztaster müssen so konstruiert sein, dass ein einfaches Einstellen und Anpassen jederzeit möglich ist. Dies ist wichtig, um die präzise Koordination der Zylinderbewegungen innerhalb einer Steuerung zu gewährleisten.

Einbau der Ventile:

Neben der sorgfältigen Auswahl der Ventile ist der korrekte Einbau eine wichtige Voraussetzung für zuverlässige Schalteigenschaften, störungsfreien Betrieb und den leichten Zugang bei Reparatur- und Wartungsarbeiten. Dies gilt für Ventile im Leistungsteil ebenso wie für solche im Steuerteil.

Wartungsarbeiten und Reparaturen werden erleichtert durch:

- Nummerieren der Komponenten
- Einbau von optischen Anzeigen
- Vollständige Dokumentation

Muskelkraftbetätigte Ventile für die Signaleingabe sind im allgemeinen an der Steuertafel oder am Steuerpult angebracht. Es ist daher praktisch und zweckdienlich, Ventile mit Betätigungselementen auszusuchen, die direkt an das Basiselement anzuschließen sind. Für die breite Palette von Eingabefunktionen stehen eine Reihe von verschiedenen Betätigungsarten zur Auswahl.

Ventile als Stellelemente steuern den Ablauf pneumatischer Arbeitselemente. Sie müssen so konstruiert sein, dass sie eine möglichst schnelle Reaktion der Aktoren auslösen. Das Ventil sollte deshalb so nah wie möglich am Arbeitselement installiert werden, um die Leitungslängen und Schaltzeiten so kurz wie möglich zu halten. Im Idealfall sollte das Ventil direkt am Aktor angeschlossen sein. Dies verringert auch den Bedarf an Rohrmaterial und die Montagezeit.

Kapitel 5

Sperr-, Strom- und Druckventile, Ventilkombinationen

5.1 Sperrventile

Sperrventile sperren den Durchfluss in einer Richtung und geben ihn in der Gegenrichtung frei. Der Druck auf der Abflussseite belastet das sperrende Teil und unterstützt somit die Dichtwirkung des Ventils.

Rückschlagventile Rückschlagventile können den Durchfluss in einer Richtung vollständig sperren, in entgegengesetzter Richtung strömt die Luft mit möglichst geringem Druckverlust durch. Die Absperrung der einen Richtung kann durch Kegel, Kugel, Platte oder Membran erfolgen.

Bild 5.1: Rückschlagventil

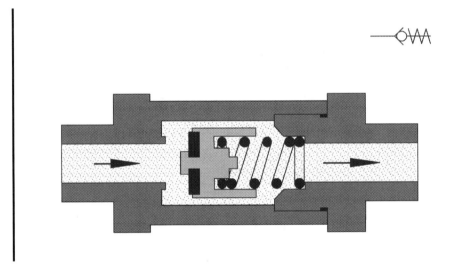

Verarbeitungs-elemente Elemente mit den Eigenschaften eines Rückschlagventils können als Verarbeitungselemente zwischen zwei Signalwegen zur Steuerung der Signale eingesetzt werden. Die beiden Ventile, die als Verarbeitungselemente bezeichnet werden, werden für die logische Verarbeitung von zwei Eingangssignalen und die Weitergabe des daraus resultierenden Signals eingesetzt. Das Zweidruckventil erzeugt nur dann ein Signal, wenn an beiden Eingängen ein Signal anliegt (UND-Funktion), das Wechselventil gibt ein Signal weiter, wenn an mindestens einem Eingang ein Signal anliegt (ODER-Funktion).

Das Zweidruckventil hat zwei Eingänge, 1 und 1(3), und einen Ausgang 2. Der Durchfluss ist nur dann gegeben, wenn beide Eingangssignale vorliegen. Ein Eingangssignal bei 1 oder 1(3) sperrt den Durchfluss aufgrund der Differenzkräfte am Kolbenschieber. Bei zeitlichen Unterschieden der Eingangssignale und bei gleichem Eingangsdruck gelangt das zuletzt angekommene Signal zum Ausgang. Bei Druckunterschieden der Eingangssignale schließt der größere Druck das Ventil, und der kleinere Luftdruck gelangt zum Ausgang 2. Das Zweidruckventil wird hauptsächlich bei Verriegelungssteuerungen, Kontrollfunktionen bzw. logischen UND-Verknüpfungen verwendet.

Zweidruckventil: Logische UND-Funktion

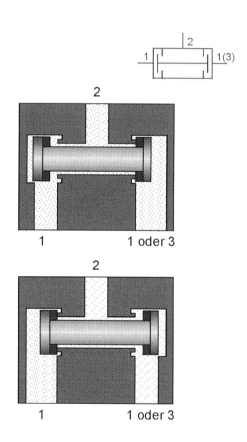

Bild 5.2: Zweidruckventil: UND-Funktion

Bild 5.3: Schaltplan mit
Zweidruckventil

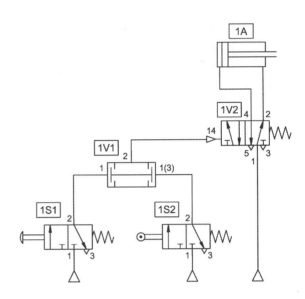

Der Einbau eines Zweidruckventils in einen Schaltplan entspricht dem
Einbau von zwei in Reihe bzw. nacheinander geschalteten Signalgebern
(3/2-Wegeventil, Sperr-Ruhestellung). Es wird nur dann ein Ausgangssignal weitergegeben, wenn beide Ventile geschaltet sind.

Bild 5.4: Schaltplan:
Reihen-UND-Funktion

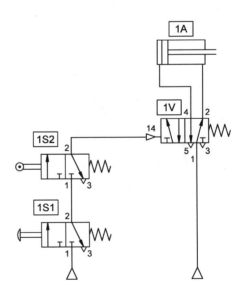

Ein Nachteil bei der Schaltungsvariante „Reihenschaltung" ist, dass man in der Praxis oft sehr lange Leitungen zwischen den Ventilen erhält. Auch kann das Signal von Ventil 1S2 in anderen Signalverknüpfungen nicht verwendet werden, da das Ventil 1S2 nur bei betätigtem Ventil 1S1 mit Druckluft beaufschlagt ist.

Dieses Sperrventil besitzt zwei Eingänge, 1 und 1(3), und einen Ausgang 2. Wird der Eingang 1 mit Druckluft beaufschlagt, so dichtet der Kolben den Eingang 1(3) ab, die Luft strömt von 1 nach 2. Gelangt die Luft von 1(3) nach 2, so wird der Eingang 1 abgesperrt. Bei Rückströmung der Luft, wenn das nachgeschaltete Ventil entlüftet wird, bleibt der Kolben durch die Druckverhältnisse in der vorher eingenommenen Lage. Dieses Ventil wird auch als ODER-Glied bezeichnet. Soll ein Zylinder oder ein Stellelement von zwei oder mehreren Stellen betätigt werden, so müssen immer ein oder mehrere Wechselventile eingesetzt werden

Wechselventil: Logische ODER-Funktion

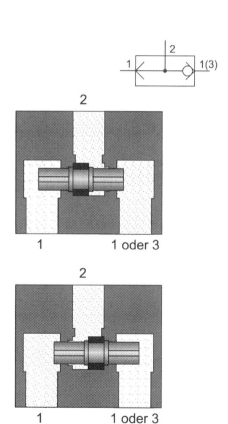

Bild 5.5: Wechselventil: ODER-Funktion

Die folgende Abbildung zeigt die Steuerung eines Zylinders über zwei muskelkraftbetätigte Ventile, die in unterschiedlicher Entfernung vom Zylinder angebracht sein können. Ohne den Einsatz des Wechselventils würde bei Betätigung des Ventils 1S1 die Druckluft hauptsächlich über den Anschluss 3 des Ventils 1S2 fließen.

Bild 5.6: Schaltplan: Ansteuerung eines Zylinders mit zwei Eingabeelementen

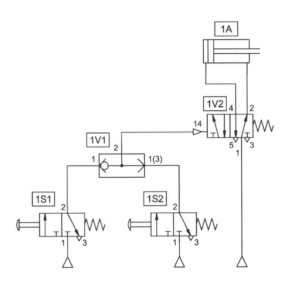

Wechselventile können miteinander verbunden werden, um eine zusätzliche ODER-Bedingung zu erzeugen, wie der untere Schaltplan zeigt. Jedes der drei Drucktasterventile kann betätigt werden, um die Kolbenstange des Zylinders ausfahren zu lassen.

Bild 5.7: Schaltplan: Ansteuerung eines Zylinders mit drei Eingabeelementen

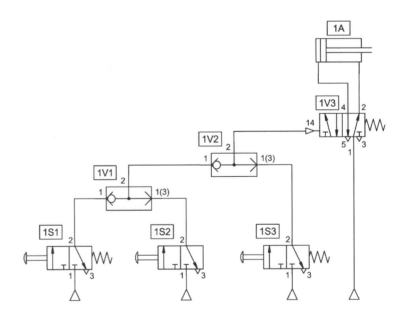

Schnellentlüftungsventile dienen zur Erhöhung der Kolbengeschwindigkeiten bei Zylindern. Lange Rücklaufzeiten, vor allem bei einfachwirkenden Zylindern, werden dadurch verkürzt. Die Kolbenstange kann mit fast
voller Geschwindigkeit einfahren, weil der Durchflusswiderstand der Abluft während der Einfahrbewegung über das Schnellentlüftungsventil
reduziert wird. Die Luft wird über eine relativ große Auslassöffnung abgeführt. Das Ventil besitzt einen absperrbaren Druckanschluss 1, eine
absperrbare Entlüftung 3 und einen Ausgang 2.

*Schnellentlüftungs-
ventil*

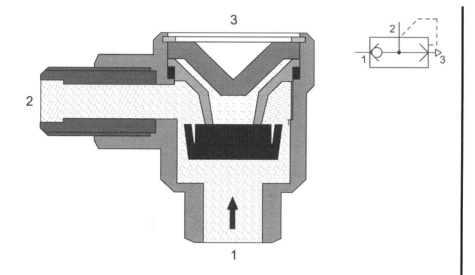

*Bild 5.8:
Schnellentlüftungsventil,
Durchfluss von 1 nach 2*

Steht am Anschluss 1 Druck an, so wird die Abdichtscheibe die Entlüftung 3 abdecken. Dadurch gelangt die Druckluft von 1 nach 2. Herrscht bei 1 kein Druck mehr, so wird die Luft, von 2 kommend, die Abdichtscheibe gegen den Anschluss 1 bewegen und schließen. Die Abluft kann sofort ins Freie strömen. Sie muss keinen langen und vielleicht engen Weg über die Anschlussleitungen zum Wegeventil nehmen. Am zweckmäßigsten ist es, das Schnellentlüftungsventil direkt oder so nah wie möglich an den Zylinder zu bauen.

Bild 5.9:
Schnellentlüftungsventil,
Entlüftung von 2 nach 3

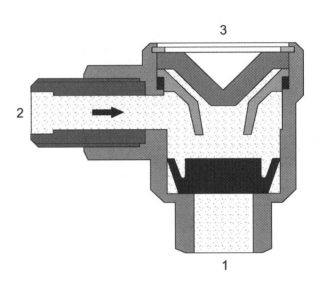

Bild 5.10: Schaltplan mit
Schnellentlüftungsventil

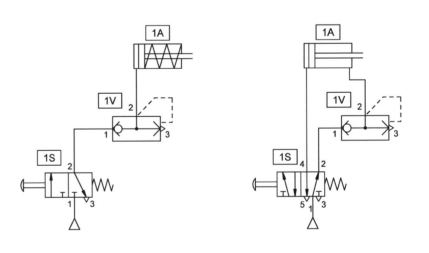

Als Absperrventile werden Ventile bezeichnet, die den Durchfluss in bei- de Richtungen stufenlos freigeben oder absperren. Typische Vertreter sind der Absperrhahn und der Kugelhahn.

Absperrventile

Bild 5.11: Absperrhahn

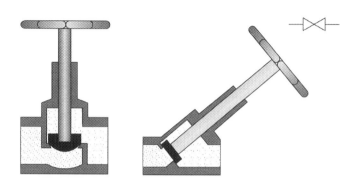

5.2 Stromventile

Stromventile beeinflussen den Volumenstrom der Druckluft in beide Richtungen. Das Drosselventil ist ein Stromventil.

Drosselventile sind in der Regel einstellbar. Die Einstellung kann fixiert werden. Drosselventile werden zur Geschwindigkeitsregulierung von Zylindern eingesetzt. Es ist darauf zu achten, dass das Drosselventil nie ganz geschlossen ist.

Drosselventil, Drosselung in beide Richtungen

Bild5.12: Drosselventil

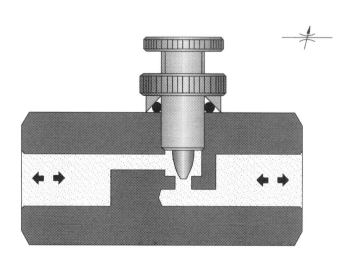

Konstruktionseigenschaften von Drosselventilen:

- Drosselventil:
  Die Länge der Drossel ist größer als ihr Durchmesser.

- Blendenventil:
  Die Länge der Drossel ist kleiner als ihr Durchmesser.

Drosselrück-
schlagventile

Beim Drosselrückschlagventil wirkt die Drosselung der Luft nur in eine Richtung. Das Rückschlagventil schließt den Durchfluss der Luft in eine Richtung ab, und die Luft kann nur über den eingestellten Querschnitt strömen. In Gegenrichtung hat die Luft freien Durchgang über das geöffnete Rückschlagventil. Diese Ventile kommen zur Geschwindigkeitsregulierung von Pneumatikzylindern zum Einsatz. Sie sollten möglichst direkt an den Zylinder gebaut werden.

Bild 5.13:
Drosselrückschlagventil

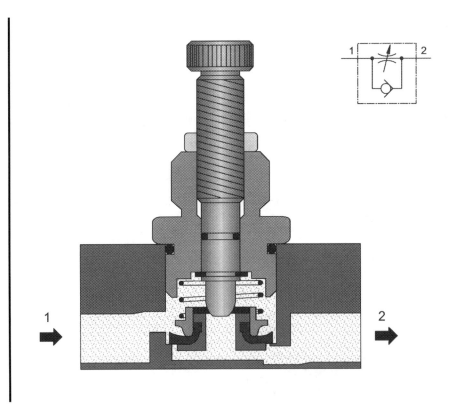

Grundsätzlich gibt es zwei Arten der Drosselung bei doppeltwirkenden Zylindern:

- Zuluftdrosselung

- Abluftdrosselung

Bei der Zuluftdrosselung sind die Drosselrückschlagventile so eingebaut, dass die Luft zum Zylinder gedrosselt wird. Die Abluft kann über
das Rückschlagventil auf der Abflussseite frei entweichen. Bei kleinsten
Lastschwankungen an der Kolbenstange, wie z.B. beim Überfahren eines Endschalters, ergeben sich sehr große Ungleichmäßigkeiten der
Vorschubgeschwindigkeit.

Zuluftdrosselung

Eine Last in Bewegungsrichtung des Zylinders beschleunigt den Zylinder über den eingestellten Wert. Deshalb wird die Zuluftdrosselung bei
einfachwirkenden und kleinvolumigen Zylindern angewandt.

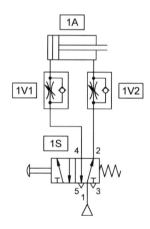

Bild 5.14: Zuluftdrosselung

Abluftdrosselung

Bei der Abluftdrosselung strömt die Zuluft frei zum Zylinder, und die Drossel in der Abflussleitung setzt der abströmenden Luft einen Widerstand entgegen. Der Kolben ist zwischen zwei Luftpolster eingespannt, die sich durch den Druck der Zuluft und durch den Widerstand der Drossel für die Abluft aufbauen. Diese Anordnung der Drosselrückschlagventile trägt wesentlich zur Verbesserung des Vorschubverhaltens bei. Bei doppeltwirkenden Zylindern sollte man die Abluftdrosselung verwenden. Bei Kleinzylindern ist wegen der geringen Luftmenge eine Zu- und Abluftdrosselung zu wählen.

Bild 5.15: Abluftdrosselung

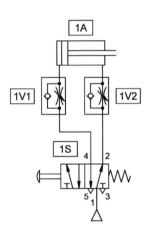

Mit mechanisch verstellbaren Drosselrückschlagventilen kann die Geschwindigkeit des Zylinders während des Hubs geändert werden. An einer Einstellschraube kann die Grundgeschwindigkeit eingestellt werden. Durch ein Kurvenlineal, das den Rollenhebel des mechanisch verstellbaren Drosselrückschlagventils betätigt, wird der Drosselquerschnitt entsprechend geändert.

Mechanisch verstellbare Drosselrück-schlagventile

Bild 5.16:
Drosselrückschlagventil mit mechanisch verstellbarer Drossel

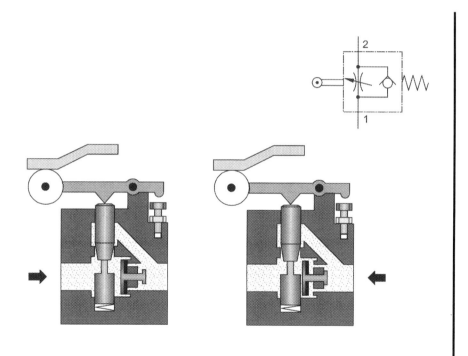

5.3 Druckventile

Druckventile sind Elemente, die vorwiegend den Druck beeinflussen bzw. durch die Größe des Druckes gesteuert werden. Man unterscheidet die drei folgenden Gruppen:

- Druckregelventil
- Druckbegrenzungsventil
- Druckschaltventil

Das Druckregelventil wird in Abschnitt B2.6 " Wartungseinheit " behandelt. Das Ventil dient der Aufrechterhaltung eines konstanten Druckes auch bei schwankendem Netzdruck. Der minimale Eingangsdruck muss größer sein als der Ausgangsdruck.

Bild 5.17: Druckregelventil

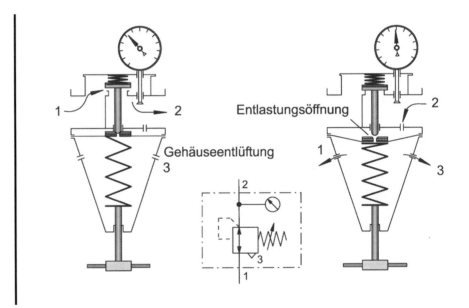

Druckbegrenzungs-
ventil

Diese Ventile werden hauptsächlich als Sicherheitsventile (Überdruck-ventile) eingesetzt. Sie verhindern, dass der maximal zulässige Druck in einem System überschritten wird. Ist der maximale Druckwert am Ventileingang erreicht, wird der Ausgang des Ventils geöffnet, und die Luft bläst ins Freie. Das Ventil bleibt so lange offen, bis es durch die eingebaute Feder nach Erreichen des eingestellten Druckes in Abhängigkeit der Federkennlinie geschlossen wird.

Dieses Ventil arbeitet nach demselben Prinzip wie das Druckbegren-
zungsventil. Das Ventil öffnet, wenn der an der Feder eingestellte Druck
überschritten wird.

Der Durchfluss von 1 nach 2 ist gesperrt. Der Ausgang 2 wird erst dann
geöffnet, wenn sich an der Steuerleitung 12 der voreingestellte Druck
aufgebaut hat. Ein Steuerkolben öffnet den Durchgang 1 nach 2.

Druckschaltventil

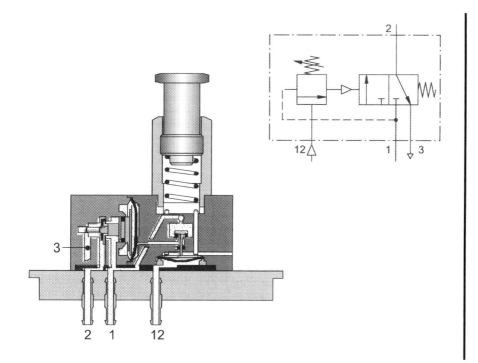

*Bild 5.18: Druckschaltventil,
einstellbar*

Die Druckschaltventile werden in pneumatischen Steuerungen eingebaut, wenn ein bestimmter Druck für einen Schaltvorgang nötig ist
(druckabhängige Steuerungen).

Bild 5.19: Schaltplan mit
Druckschaltventil

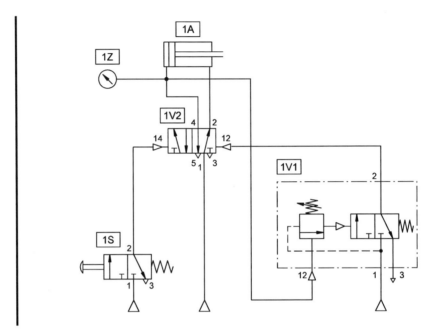

5.4 Ventilkombinationen

Ventile aus verschiedenen Ventilgruppen können zu einer Baueinheit
zusammengesetzt werden. Die Eigenschaften und Konstruktionsmerk-
male dieser Baueinheiten ergeben sich aus den verwendeten Ventilen
Man nennt sie auch Kombinationsventile. Die jeweiligen Bildzeichen
setzen sich aus den Bildzeichen der einzelnen Bauteile zusammen. Folgende Einheiten gehören zur Gruppe der Kombinationsventile:

- Zeitverzögerungsventil: Verzögerung der Signalweitergabe

- Luftsteuerblock: Ausführung von Einzel- und Oszillationsbewegun-
  gen bei doppeltwirkendem Zylinder

- 5/4-Wegeventil: Anhalten von doppeltwirkenden Zylindern in jeder
  beliebigen Stellung

- Luftbetätigtes 8-Wegeventil: Steuerung von Taktvorschubgeräten

- Taktgeber: Ausführung von schnellen Zylinderbewegungen

- Saugkopf mit Auswerfer: Greifen und Auswerfen von Teilen

- Taktstufenbaustein: für Folgesteuerungsaufgaben

- Befehlsspeicher-Bausteine: für Start mit Signaleingabebedingungen

Das Zeitverzögerungsventil besteht aus einem pneumatisch betätigten 3/2-Wegeventil, einem Drosselrückschlagventil und einem kleinen Luftbehälter. Das 3/2-Wegeventil kann Sperr-Ruhestellung oder Durchfluss-Ruhestellung haben. Die Verzögerungszeit beträgt normal 0 bis 30 Sekunden bei beiden Arten von Ventilen.

Zeitverzögerungs-ventile

Bild 5.20: Zeitverzögerungs-ventil in Sperr-Ruhestellung

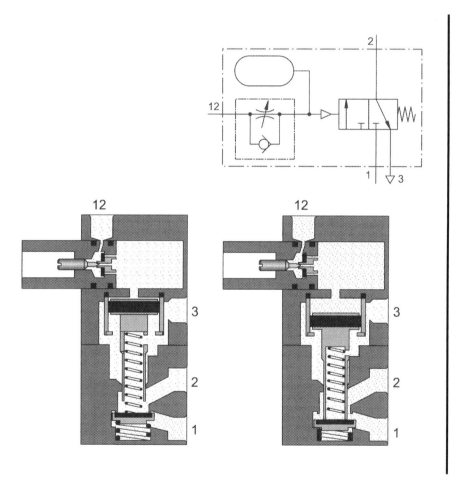

Durch zusätzliche Luftbehälter kann die Zeit verlängert werden. Bei sauberer Luft und konstantem Druck wird ein genauer Schaltzeitpunkt erreicht.

Funktionsprinzip

Folgendes Funktionsprinzip gilt für ein Zeitverzögerungsventil mit einem 3/2-Wegeventil in Sperr-Ruhestellung: Die Druckluft wird beim Anschluss 1 dem Ventil zugeführt. Die Steuerluft strömt beim Eingang 12 ins Ventil und durchströmt das Drosselrückschlagventil. Je nach Einstellung der Drosselschraube strömt mehr oder weniger Luft pro Zeiteinheit in den angebauten Luftbehälter. Hat sich der notwendige Steuerdruck im Luftbehälter aufgebaut, wird der Steuerkolben des 3/2-Wegeventils nach unten bewegt, und er sperrt den Durchgang von 2 nach 3 ab. Der Ventilteller wird vom Sitz abgehoben, und die Luft kann von 1 nach 2 strömen. Die Zeit des Druckaufbaus im Luftbehälter bestimmt den Schaltzeitpunkt.

Soll das Zeitverzögerungsventil seine Ausgangslage wieder einnehmen, so muss die Steuerleitung 12 entlüftet werden. Die Luft strömt aus dem Luftbehälter über das Drosselrückschlagventil und die Entlüftungsleitung des Signalventils ins Freie. Die Rückstellfeder im Ventil bringt den Steuerkolben und den Ventilteller in die Ausgangslage zurück. Die Arbeitsleitung 2 entlüftet nach 3, 1 wird abgesperrt.

Bild 5.21:
Zeitverzögerungsventil in
Durchfluss-Ruhestellung

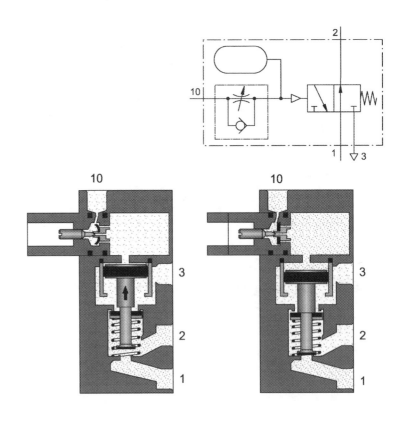

Ist ein 3/2-Wegeventil in Durchfluss-Ruhestellung eingebaut, so liegt am Ausgang 2 in der Ausgangsstellung ein Signal an. Wird das Ventil über das Signal am Eingang 10 geschaltet, so entlüftet die Arbeitsleitung 2 nach 3 und 1 wird gesperrt. Dies bewirkt, dass das Ausgangssignal nach der eingestellten Zeit gelöscht wird.

Die Verzögerungszeit entspricht wieder dem Druckaufbau im Luftbehälter. Wird die Luft am Anschluss 10 weggenommen, so nimmt das 3/2-Wegeventil wieder die Ruhestellung ein.

Im abgebildeten Schaltplan werden zwei Zeitverzögerungsventile verwendet. Das Ventil 1V1 hat Durchfluss-Ruhestellung, das Ventil 1V2 hat Sperr-Ruhestellung,. Bei Betätigung des Starttasters 1S1 wird ein Signal an das Ventil 1V1 gegeben und von dort an den Eingang 14 des Stellelements 1V3 weitergegeben. Der Zylinder 1A fährt aus. Das Zeit-Verzögerungsventil ist auf eine kurze Verzögerungszeit eingestellt, z.B. 0,5 Sekunden. Dies reicht für die Einleitung der Ausfahrbewegung. Danach wird das Signal am Eingang 14 sofort wieder vom Steuersignal 10 des Zeit-Verzögerungsventils gelöscht. Die Kolbenstange betätigt den Grenztaster 1S2. Am Zeit-Verzögerungsventil 1V2 liegt ein Steuersignal an, das nach der voreingestellten Zeit das Ventil öffnet. Das Zeitglied liefert jetzt ein Signal an den Eingang 12 des Impulsventils. Das Ventil schaltet und der Zylinder fährt ein. Ein neuer Zyklus kann nur nach loslassen und erneuter Betätigung des Ventils 1S1 gestartet werden.

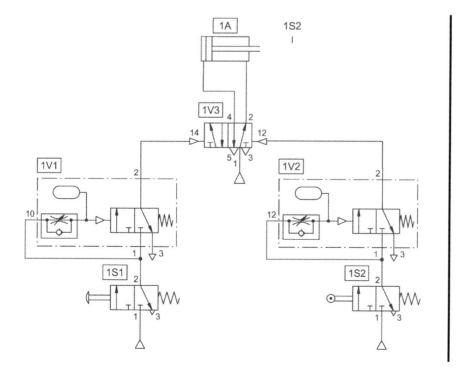

Bild 5.22: Schaltplan mit Zeitverzögerungsventilen

In der folgenden Abbildung ist das Zeitverhalten von Schaltungen mit Zeitverzögerungsventilen dargestellt.

Bild 5.23: Zeitverhalten von Schaltungen mit Zeitverzögerungsventilen

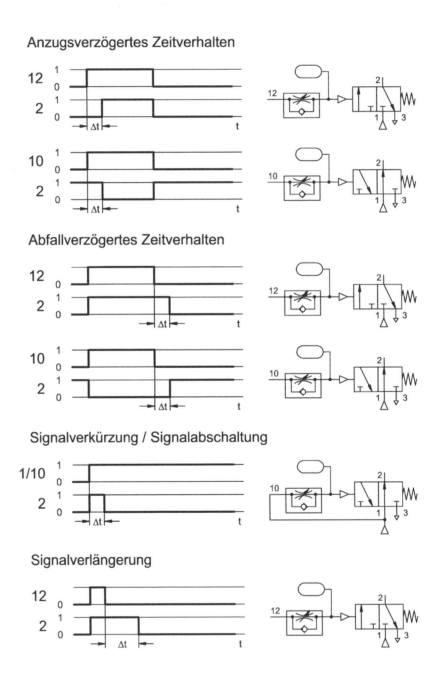

Anzugsverzögertes Zeitverhalten

Abfallverzögertes Zeitverhalten

Signalverkürzung / Signalabschaltung

Signalverlängerung

Kapitel 6

Systeme

6.1 Auswahl und Vergleich von Arbeits- und Steuermedien

Bei der Auswahl der geeigneten Arbeits- und Steuermedien muss folgendes beachtet werden:

- die Arbeits- oder Ausgabeanforderungen

- die bevorzugte Steuermethode

- die zur Unterstützung des Projektes verfügbaren fachlichen und betrieblichen Ressourcen

- die bestehende Systemumgebung, in die das neue Projekt integriert werden soll

Zunächst müssen die einzelnen Vor- und Nachteile der verfügbaren Medien sowohl von der Arbeits- als auch von der Steuerseite her betrachtet werden. Dann kann die Auswahl für die angestrebte Lösung vorgenommen werden.

225

Kapitel B-6

Tabelle 6.1: Arbeitsmedien

Kriterien	Pneumatik	Hydraulik	Elektrik
Kraft, linear	Kräfte begrenzt durch niedrigen Druck und den Zylinderdurchmesser, bei Haltekräften (Stillstand) kein Energieverbrauch	Große Kräfte durch hohen Druck	Geringe Kräfte, schlechter Wirkungsgrad, nicht überlastsicher, großer Energieverbrauch im Leerlauf
Kraft, rotierend	Volles Drehmoment auch im Stillstand, ohne Energieverbrauch	Volles Drehmoment auch im Stillstand, dabei jedoch größter Energieverbrauch	Geringstes Drehmoment im Stillstand
Bewegung, linear	Einfache Erzeugung, hohe Beschleunigung, hohe Geschwindigkeit	Einfache Erzeugung, gute Regelbarkeit	Umständlich und teuer, da entweder Umsetzung über Mechanik oder bei kurzen Wegen durch Hubmagnete und für kleine Kräfte Linearmotoren
Bewegung, rotierend oder schwenkend	Druckluftmotoren mit sehr hohen Drehzahlen, hohe Betriebskosten, schlechter Wirkungsgrad, Schwenkbewegung durch Umsetzung mittels Zahnstange und Ritzel	Hydraulikmotoren und Schwenkzylinder mit geringeren Drehzahlen als in der Pneumatik, guter Wirkungsgrad	Bester Wirkungsgrad bei rotierenden Antrieben, begrenzte Drehzahl
Regelbarkeit	Einfache Regelbarkeit der Kraft über den Druck und der Geschwindigkeit über die Menge, auch im unteren Geschwindigkeitsbereich	Sehr gut regelbar in Kraft und Geschwindigkeit, auch im langsamen Bereich exakt beeinflussbar	Nur begrenzt möglich, gleichzeitig hoher Aufwand
Energiespeicherung und Transport	Bis zu großen Mengen ohne Aufwand möglich, leicht transportierbar in Leitungen (ca. 1000 m) und Druckluftflaschen	Speicherung nur begrenzt mit Hilfsmedium Gas oder mittels Federspeicher möglich, Transportierbar in Leitungen bis etwa 100 m	Speicherung schwierig und aufwendig (Akku, Batterie), durch Leitungen einfach über große Entfernungen transportierbar
Umwelteinflüsse	Unempfindlich gegen Temperaturschwankungen keine Explosionsgefahr, bei hoher Luftfeuchtigkeit, hohen Strömungsgeschwindigkeiten und niedrigen Umgebungstemperaturen Vereisungsgefahr	Empfindlich gegen Temperaturschwankungen, bei Leckage, Verschmutzung und Brandgefahr	Unempfindlich gegen Temperaturschwankungen, in gefährdeten Bereichen sind Schutzeinrichtungen gegen Brand und Explosion notwendig
Energiekosten	Im Vergleich zur Elektrik hoch 1 m^3 Druckluft mit 600 kPa (6 bar) kostet ca. 0,03 bis 0,05 DM je nach Anlage und Nutzungsgrad	Im Vergleich zur Elektrik hoch	Kleinste Energiekosten
Allgemein	Elemente sind überlastsicher, Abluftgeräusche sind unangenehm, deshalb ist Dämpfung notwendig	Bei höheren Drücken Pumpengeräusche, Elemente sind überlastsicher	Elemente sind nicht überlastsicher, oder Überlastsicherheit kann nur mit großem Aufwand erreicht werden, Geräusche beim Schalten der Schütze und Hubmagnete

226

Tabelle 6.2: Steuermedien

Kriterien	Elektrik	Elektronik	Normaldruck-Pneumatik	Niederdruck-Pneumatik
Arbeitssicherheit der Elemente	Unempfindlich gegen Umwelteinflüsse wie Staub, Feuchtigkeit, usw.	Sehr empfindlich gegen Umwelteinflüsse wie Staub, Feuchtigkeit, Störfelder, Stoß und Vibration, hohe Lebensdauer	Sehr unempfindlich gegen Umwelteinflüsse, bei sauberer Luft hohe Lebensdauer	Unempfindlich gegen Umwelteinflüsse, empfindlich gegen verschmutzte Luft, hohe Lebensdauer
Schaltzeit der Elemente	> 10 ms	< 1 ms	> 5 ms	> 1 ms
Signalgeschwindigkeit	Lichtgeschwindigkeit	Lichtgeschwindigkeit	Ca. 10 – 40 m/s	Ca. 100 – 200 m/s
Überbrückbare Entfernung	Praktisch unbegrenzt	Praktisch unbegrenzt	Begrenzt durch die Signalgeschwindigkeit	
Platzbedarf	Gering	Sehr gering	Gering	Gering
Hauptsächliche Signalverarbeitung	Digital	Digital, analog	Digital	Digital, analog

6.2   Steuerungsarten

Die Unterscheidung der Steuerungen kann nach verschiedenen Gesichtspunkten erfolgen. Im folgenden werden die Steuerungsarten nach DIN 19226 dargestellt. Es gibt drei Hauptgruppen. Die Zuordnung einer Steuerung zu den drei Hauptgruppen hängt von der Aufgabenstellung ab. Liegt eine Programmsteuerung vor, so hat der Projektierende die Auswahl unter den drei Untergruppen der Programmsteuerung.

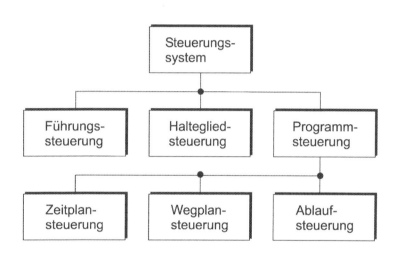

Bild 6.1: Steuerarten nach DIN 19226

Führungssteuerung

Zwischen Führungsgröße und Ausgangsgröße besteht immer ein eindeutiger Zusammenhang soweit Störgrößen keine Abweichungen hervorrufen. Führungssteuerungen haben keine Speicher.

Haltegliedsteuerung

Nach Wegnahme oder Zurücknahme der Führungsgröße, insbesondere nach Beendigung des Auslösesignals, bleibt der erreichte Wert der Ausgangsgröße erhalten (speichernd). Es bedarf einer entgegengesetzten oder andersartigen Führungsgröße oder eines entgegengesetzten Auslösesignals, um eine Ausgangsgröße wieder auf einen Anfangswert zu bringen. Haltegliedsteuerungen arbeiten immer speichernd.

Programmsteuerung

Die drei Arten der Programmsteuerung sind:

- **Wegplansteuerung**
  In einer Wegplansteuerung werden die Führungsgrößen von einem Programmgeber (Programmspeicher) geliefert, dessen Ausgangsgrößen vom zurückgelegten Weg oder der Stellung eines beweglichen Teils der gesteuerten Anlage abhängen.

- **Ablaufsteuerung**
  Das Ablaufprogramm ist in einem Programmgeber gespeichert, der, abhängig vom jeweils erreichten Zustand der Anlage, schrittweise das Programm abarbeitet. Das Programm kann fest eingebaut sein oder von Lochstreifen, Magnetbändern, elektronischen Speichern oder anderen geeigneten Speichermedien abgerufen werden.

- **Zeitplansteuerung**
  In einer Zeitplansteuerung werden die Führungsgrößen von einem zeitabhängigen Programmgeber (Programmspeicher) geliefert. Kennzeichen einer Zeitplansteuerung sind also das Vorhandensein eines Programmgebers und ein zeitabhängiger Ablauf des Programms. Programmgeber können sein:
  – Nockenwelle
  – Kurvenscheibe
  – Lochkarte
  – Lochstreifen
  – elektronischer Speicher

Steuerungsarten Die Unterscheidung der Steuerungen kann nach verschiedenen Gesichtspunkten erfolgen. Unterscheidungsmerkmale für Steuerungen bestehen in der Form der Informationsdarstellung und in der Form der Signalverarbeitung.

Analoge Steuerung

Die Steuerung arbeitet in Bezug auf die Signalverarbeitung mit analogen Signalen. Die Signalverarbeitung erfolgt vorwiegend mit stetig wirkenden Funktionsgliedern.

Form der Informations-darstellung

Digitale Steuerung

Die Steuerung arbeitet in Bezug auf die Signalverarbeitung mit digitalen Signalen. Die Information wird zahlenmäßig dargestellt. Funktionseinheiten sind: Zähler, Register, Speicher, Rechenwerke.

Binäre Steuerung

Die Steuerung arbeitet in Bezug auf die Signalverarbeitung mit binären Signalen. Binärsignale sind nicht Bestandteile zahlenmäßig dargestellter Informationen.

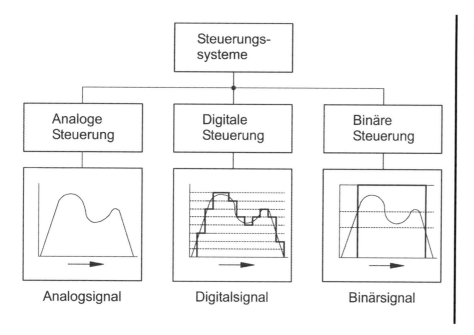

Bild 6.2: Unterscheidung nach der Form der Informationsdarstellung

Form der
Signalverarbeitung

Synchrone Steuerung

Eine Steuerung, bei der die Signalverarbeitung synchron zu einem Taktsignal erfolgt.

Asynchrone Steuerung

Eine ohne Taktsignal arbeitende Steuerung, bei der Signaländerungen
nur durch Änderung der Eingangssignale ausgelöst werden.

Verknüpfungssteuerung

Eine Steuerung, die den Signalzuständen der Eingangssignale bestimmte Signalzustände der Ausgangssignale im Sinne Boole'scher Verknüp-
fungen (z.B. UND, ODER, NICHT) zuordnet.

Bild 6.3: Unterscheidung
nach der Form der
Signalverarbeitung

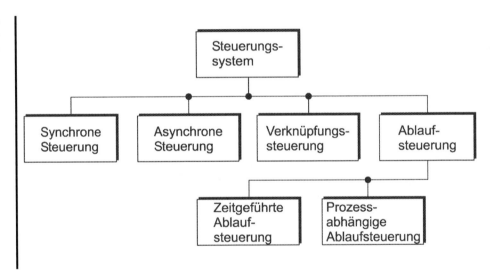

Ablaufsteuerung

Eine Steuerung mit zwangsläufig schrittweisem Ablauf, bei der das Weiterschalten von einem Schritt auf den programmgemäß nächsten Schritt abhängig von Weiterschaltbedingungen erfolgt. Insbesondere ist die Programmierung von Sprüngen, Schleifen, Verzweigungen etc. möglich.

Die Ablaufsteuerung gliedert sich in zwei Untergruppen:

- **Zeitgeführte Ablaufsteuerung**
  Eine Ablaufsteuerung, deren Weiterschaltbedingungen nur von der Zeit abhängig sind.
  Weiterschaltbedingungen werden durch Zeitglieder, Zeitzähler oder Schaltwalzen mit konstanter Drehzahl erzeugt.
  Der nach DIN 19226 bestehende Begriff der Zeitplansteuerung bleibt der zeitabhängigen Vorgabe von Führungsgrößen vorbehalten.

- **Prozessabhängige Ablaufsteuerung**
  Eine Ablaufsteuerung, deren Weiterschaltbedingungen nur von den Signalen der gesteuerten Anlage (Prozess) abhängig sind.
  Die in DIN 19226 definierte Wegplansteuerung ist eine Form der prozessabhängigen Ablaufsteuerung, deren Weiterschaltbedingungen nur von wegabhängigen Signalen der gesteuerten Anlage abhängig sind.

6.3 Entwicklung eines Steuerungssystems

Die Entwicklung von Systemlösungen erfordert die klare Herausarbeitung der Problemstellung. Es gibt verschiedene Möglichkeiten, ein Problem in textlicher oder graphischer Form darzustellen. Zu den Darstellungsmethoden eines Steuerungssystems zählen:

- Lageplan

- Weg-Schritt-Diagramm

- Steuerdiagramm

- Funktionsdiagramm

- Funktionsplan

- Schaltplan

Lageplan Der Lageplan zeigt die Beziehung zwischen den Arbeitselementen und dem Maschinenaufbau. Die Ausrichtung der Arbeitselemente ist ordnungsgemäß dargestellt. Der Lageplan muss nicht maßstabsgetreu und sollte nicht zu detailliert sein. Die Skizze wird in Verbindung mit der Beschreibung des Arbeitsvorgangs und dem Bewegungsdiagramm verwendet.

Bild 6.4: Beispiel eines Lageplans

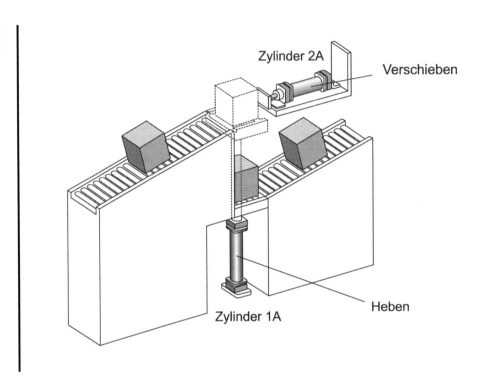

Weg-Schritt-Diagramm Das Weg-Schritt-Diagramm und das Weg-Zeit-Diagramm sind Bewegungsdiagramme. Das Weg-Schritt-Diagramm wird für die schematische Darstellung des Bewegungsablaufs verwendet. Das Diagramm gibt die Arbeitsfolge von Arbeitselementen wieder. Der Weg wird in Bezug zur Schrittfolge dargestellt.

Besteht ein Steuerungssystem aus mehr als einem Arbeitselement, so werden deren Wege untereinander gezeichnet. Über einen Vergleich der Schritte kann man einen Bezug zwischen den Wegen der einzelnen Arbeitselemente herstellen.

Hinweis Die Norm VDI 3260 „Funktionsdiagramme von Arbeitsmaschinen und Fertigungsanlagen" wurde zurückgezogen. In diesem Buch wird sie zur Veranschaulichung der Steuerungsabläufe aber verwendet.

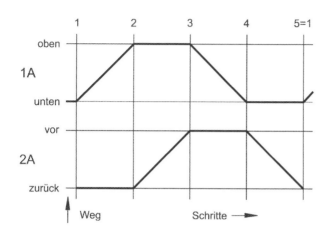

Bild 6.5: Weg-Schritt-Diagramm

Das Diagramm zeigt die Wege der zwei Zylinder 1A und 2A. In Schritt 1 fährt Zylinder 1A aus, Zylinder 2A fährt in Schritt 2 aus. In Schritt 3 fährt Zylinder 1A ein, Zylinder 2A fährt in Schritt 4 ein. Schritt 5 entspricht wieder Schritt 1.

Bei einem Weg-Zeit-Diagramm wird der Weg in Abhängigkeit von der Zeit aufgetragen.

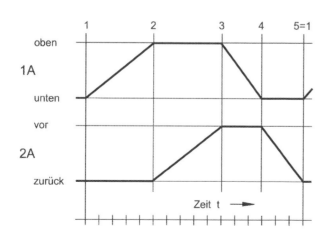

Bild 6.6: Weg-Zeit-Diagramm

Steuerdiagramm Im Steuerdiagramm wird der Schaltzustand der Steuerelemente in Abhängigkeit von den Schritten oder der Zeit dargestellt. Die Schaltzeit bleibt unberücksichtigt.

Das Steuerdiagramm in Bild 6.7 zeigt die Zustände der Stellelemente (1V für Zylinder 1A und 2V für Zylinder 2A) und den Zustand des Grenztasters 1S1, der in der vorderen Endlage des Zylinders 1A angebracht ist.

Bild 6.7: Steuerdiagramm

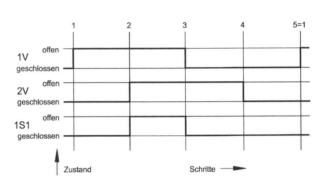

Funktionsdiagramm Das Funktionsdiagramm ist die Kombination aus dem Bewegungs- und dem Steuerdiagramm. Die Linien zur Darstellung der einzelnen Zustände werden als Funktionslinien bezeichnet.

Bild 6.8: Funktionsdiagramm

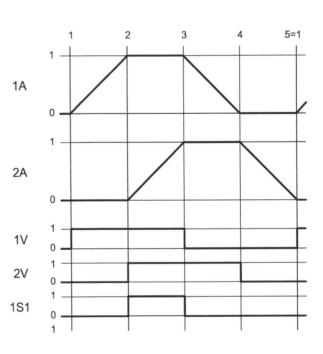

Neben den Funktionslinien können in das Funktionsdiagramm zusätzlich auch die Signallinien eingezeichnet werden.

Die Signallinie hat ihren Ausgang am Signalelement und ihr Ende an der Stelle, wo abhängig von diesem Signal eine Zustandsänderung eingeleitet wird. Pfeile an den Signallinien markieren die Signalflussrichtung.

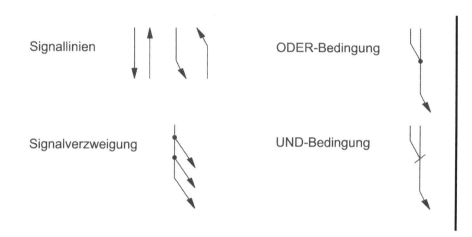

Bild 6.9: Darstellung von Signallinien

Signalverzweigungen erhalten an der Verzweigungsstelle einen Punkt. Von einem Signalausgang werden Zustandsänderungen von mehreren Bauelementen eingeleitet.

Bei der ODER-Bedingung wird ein Punkt an der Vereinigungsstelle der Signallinien gesetzt. Mehrere Signalausgänge bewirken unabhängig voneinander die gleiche Zustandsänderung.

Die UND-Bedingung wird durch einen Schrägstrich an der Vereinigungsstelle der Signallinien gekennzeichnet. Eine Zustandsänderung tritt nur ein, wenn alle Signalausgänge vorliegen.

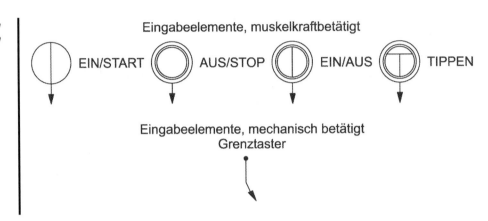

Bild 6.10: Darstellung von Eingabeelementen

Die Bezeichnungen der einzelnen Eingabeelemente werden an den Ausgangspunkt der jeweiligen Signallinie geschrieben.

Bild 6.11: Weg-Schritt-Diagramm mit Signallinien

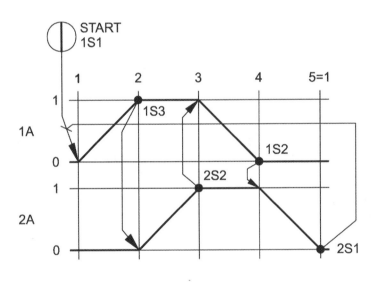

Das Diagramm zeigt folgenden Ablauf:

- Ist der Grenztaster 2S1 betätigt und wird der Drucktaster 1S1 vom Bediener gedrückt, fährt die Kolbenstange von Zylinder 1A aus.

- Hat der Zylinder 1A seine vordere Endlage erreicht, wird der Grenztaster 1S3 betätigt und die Kolbenstange von Zylinder 2A fährt aus.

- Hat der Zylinder 2A seine vordere Endlage erreicht, wird der Grenztaster 2S2 betätigt und die Kolbenstange von Zylinder 1A fährt ein.

- Hat der Zylinder 1A seine hintere Endlage erreicht, wird der Grenztaster 1S2 betätigt und die Kolbenstange von Zylinder 2A fährt ein.

- Hat der Zylinder 2A seine hintere Endlage erreicht, wird der Grenztaster 2S1 betätigt, die Ausgangsstellung ist wieder erreicht.

Die Kurzschreibweise ist eine weitere Möglichkeit zur Darstellung von Bewegungsabläufen. In diesem Fall werden in dem Ablauf die Zylinderbezeichnungen 1A, 2A, usw. verwendet. Das Signal zum Ausfahren wird mit **+** und das zum Einfahren mit **-** bezeichnet.

Kurzschreibweise

Der Ablauf **1A+   2A+   2A-   1A-** ist zu lesen als: Zylinder 1A fährt aus, Zylinder 2A fährt aus, Zylinder 2A fährt ein, Zylinder 1A fährt ein. Aufeinander folgende Bewegungen werden hintereinandergeschrieben.

Der Ablauf **1A+   2A+   2A-**
1A-   ist zu lesen als: Zylinder 1A fährt aus, Zylinder 2A fährt aus **und** Zylinder 1A fährt ein, Zylinder 2A fährt ein. Gleichzeitige Bewegungen werden untereinandergeschrieben.

Bei dieser Bezeichnungsart mit Buchstaben werden die Grenztaster wie in der Norm DIN ISO 1219-2 angegeben bezeichnet.

Funktionsplan   Der Funktionsplan gibt einen klaren Überblick über Aktionen und Reaktionen bei Abläufen. Im Diagramm ist der folgende Ablauf dargestellt:

- Der Spannzylinder 1A fährt aus (1A+) und der Grenztaster 1S2 wird betätigt.

- Das Signal 1S2 bewirkt, dass Zylinder 2A ausfährt (2A+), d.h. der Nietvorgang wird ausgelöst.

- Der ausgefahrene Nietzylinder betätigt den Grenztaster 2S2. Das ist das Signal zum Einfahren des Nietzylinders (2A-).

- Jetzt wird der Grenztaster 2S1 betätigt, der wiederum das Entspannen und Einfahren von Zylinder 1A bewirkt (1A-).

- Ist Zylinder 1A ganz eingefahren, wird dies vom Grenztaster 1S1 angezeigt. Das Signal 1S1 ist dann die Voraussetzung für den Neubeginn der Arbeitsfolge.

Bild 6.12: Funktionsplan:
Nieten

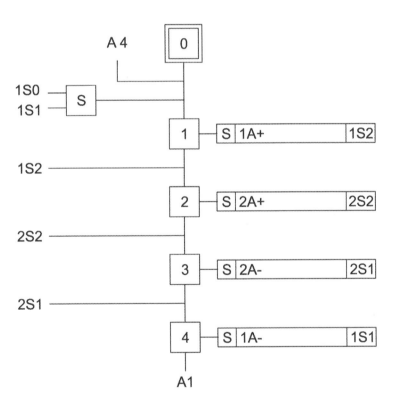

Der Schaltplan zeigt den Signalfluss und die Beziehung zwischen den Elementen der Steuerung und den Druckluftanschlüssen. Im Schaltplan wird nicht die physische und mechanische Auslegung der Steuerung wiedergegeben.   *Schaltplan*

Bild 6.13: Beispiel eines Schaltplans

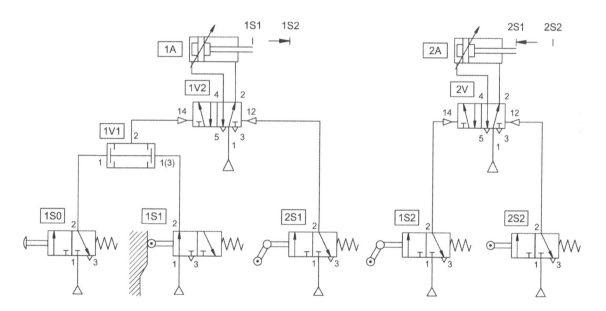

Der pneumatische Schaltplan wird immer mit dem Energiefluss von unten nach oben gezeichnet. Die verschiedenen Ebenen eines Schaltplans sind die Energiequelle, die Signaleingabe, die Signalverarbeitung, die Stellelemente und die Arbeitselemente. Die Lage der Grenztaster wird beim Arbeitselement markiert. Elemente und Leitungen werden über das Nummerierungssystem und die Anschlussbezeichnungen gekennzeichnet. Diese Kennzeichnung ermöglicht einen Bezug zu den Bauteilen der eigentlichen Maschine und machen den Schaltplan lesbar.

6.4 Entwicklungsaspekte

Ein wichtiges Bauteil in der Leistungsübertragung vom Prozessor zum Linear- oder Rotationsaktor ist das Wegeventil. Ventilgröße und Ventiltyp bestimmen viele der operativen Eigenschaften des Aktors. Die Entwicklung von Wegeventilen weist folgende Tendenzen auf:

- Anschlussplatten- und Sammelleistenmontage mit gemeinsamen Versorgungs- und Entlüftungsanschlüssen

- Die Wegeventile werden bezüglich Totvolumen, Betätigungskraft und bewegten Massen optimiert. Dadurch wird ein schnelles Schalten des Ventils erreicht.

- Das Gehäuse wird im Innern strömungsgünstig gestaltet, um einen hohen Durchfluss zu erzielen.

- Mehrfunktionsventile, Veränderung von Eigenschaften durch Scheiben- und Dichtungsvarianten

- Integration von mehreren Ventilen in einem Baustein

- Montage des Wegeventils an dem Zylinder

Ventile in Reihenmontage benutzen einen gemeinsamen Versorgungsanschluss und Entlüftungsanschluss. Entlüftungen können einzeln verschlaucht oder nach Bedarf lokal gedämpft werden. Die kompakte und starre Montage eignet sich für den Einbau in einen Schaltschrank.

Bild 6.14: Optimierte Einzelventile und Ventilinseln
a) Einzelventil
b) Ventilinsel

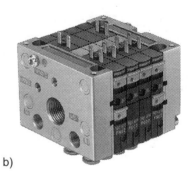

a)   b)

6.5 Moderne pneumatische Antriebe

Neben den Standardzylindern, die als kostengünstiges, vielseitig einsetzbares Antriebselement ihre Bedeutung behalten, gewinnen Spezialzylinder verstärkt an Bedeutung. Bei Verwendung dieser Antriebe sind zusätzliche Komponenten, wie z. B. Führungen und Halterungen, häufig direkt am Zylindergehäuse angebaut. Daraus resultieren Vorteile, wie kleinerer Einbauraum und verringerte bewegte Massen. Der reduzierte Material-, Projektierungs- und Montageaufwand führt zu einer merklichen Kostensenkung.

Mehrstellungszylinder werden für Anwendungen eingesetzt, bei denen mehr als zwei Positionen anzufahren sind. Das folgende Bild verdeutlicht die Funktionsweise eines doppeltwirkenden Mehrstellungszylinders. Eine Kolbenstange wird am Gestell befestigt, die zweite mit der Last verbunden. Es können vier unterschiedliche Positionen exakt auf Anschlag angefahren werden.

Mehrstellungszylinder

Zylinderstellungen

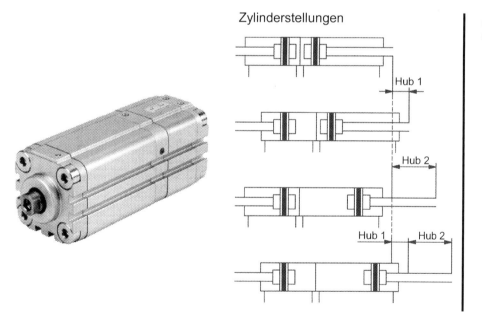

Bild 6.15:
Mehrstellungszylinder

Fluidic Muscle

Der Fluidic Muscle ist ein Membran-Kontraktions-System. Ein fluidisch dichter, flexibler Schlauch wird mit festen Fasern in Rautenform umsponnen. Dadurch entsteht eine dreidimensionale Gitterstruktur. Bei einströmender Luft wird die Gitterstruktur verformt, eine Zugkraft in Axialrichtung entsteht, was eine Verkürzung des Muskels durch zunehmenden Innendruck bewirkt.

Der pneumatische Muskel entwickelt im gestreckten Zustand bis zu zehnmal mehr Kraft als ein konventioneller Pneumatik-Zylinder und verbraucht bei gleicher Kraft nur 40 % der Energie. Für die gleiche Kraft reicht ein Drittel des Durchmessers, der Hub ist bei gleicher Baulänge geringer.

Bild 6.16:
Anwendungsbeispiel mit
dem Fluidic Muscle

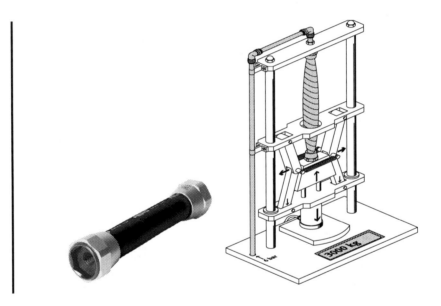

Handhabungstechnik

Für Handhabungs- und Montageoperationen werden häufig Komponenten benötigt, die Bewegungen in zwei oder drei verschiedenen Richtungen ausführen können. Früher dominierten in diesem Bereich Sonderkonstruktionen. Heute werden verstärkt serienmäßig lieferbare Handhabungsmodule verwendet, die sich anwendungsabhängig kombinieren lassen.

Bild 6.17:
Anwendungsbeispiel mit
Handhabungsmodulen

Der Schwenk-Linearantrieb kann z. B. zum Umsetzen von Werkstücken eingesetzt werden. Die Lagerung der Kolbenstange ist so ausgelegt, dass sie hohe Querlasten aufnehmen kann. Die Einheit lässt sich auf unterschiedliche Art befestigen, z. B. mit einem Flansch an der Stirnseite oder mit Nutensteinen, die in das Linearprofil eingeschoben werden. Bei Bedarf wird die Energie für den Greifer oder den Sauger durch die hohle Kolbenstange zugeführt.

Schwenk-Linearantrieb

Bild 6.18: Schwenk-
Linearantrieb

Pneumatische Greifer

Handhabungsgeräte müssen Greifer besitzen, mit denen das Werkstück erfasst, bewegt und losgelassen wird. Greifer stellen entweder eine kraftschlüssige oder formschlüssige Verbindung zum Teil her.

In Bild 6.19 sind verschiedene Greifertypen dargestellt. Alle Greifertypen besitzen einen doppeltwirkenden Kolbenantrieb und sind selbstzentrierend. Berührunglose Positionserkennung ist mit Näherungsschaltern möglich. Durch externe Greiffinger sind die Greifer vielseitig einsetzbar.

Bild 6.19: Pneumatische
Greifer
a) Radialgreifer
b) Parallelgreifer
c) 3-Punktgreifer
d) Winkelgreifer

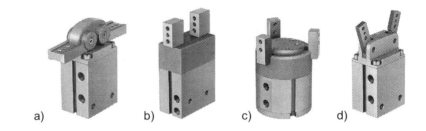

a)   b)   c)   d)

Vakuumsauger

Die Handhabung mit Saugnäpfen stellt in der Regel eine einfache, preiswerte und auch unter Sicherheitsaspekten betriebssichere Lösung dar.

Saugnäpfe erlauben das Handhaben von unterschiedlichen Werkstücken mit Gewichten von nur wenigen Gramm bis mehreren hundert Kilogramm. Es gibt sie in den unterschiedlichsten Formen, z.B. Universal-, Flach-, oder Faltenbalgsaugnäpfe.

Bild 6.20: Vakuumsauger
a) Flachsaugnäpfe
b) Faltenbalgsaugnäpfe

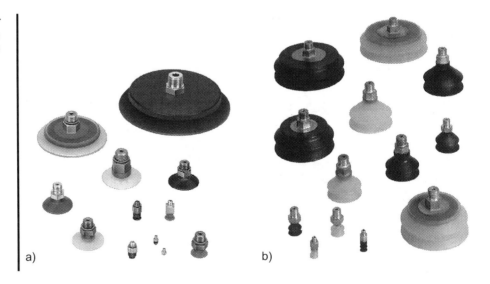

a)   b)

Teil C

Lösungen zu den Übungen aus Kapitel 5

Übung 1: Direktes Ansteuern eines doppeltwirkenden Zylinders

Problemstellung Die Kolbenstange eines doppeltwirkenden Zylinders soll nach Betätigen eines Drucktasters ausfahren und nach Freigabe des Drucktasters wieder einfahren. Der Zylinder hat einen Durchmesser von 25 mm und benötigt eine geringe Luftmenge zur Ansteuerung.

Bild 1: Schaltplan mit 5/2-Wegeventil

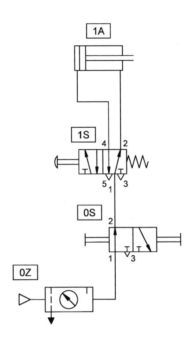

Als Stellelemente können die folgenden muskelkraftbetätigten Wege-   *Lösung*
ventile eingesetzt werden:

- 5/2-Wegeventil

- 4/2-Wegeventil

In der Ausgangsstellung ist der Drucktaster des Ventils nicht betätigt, die Kolbenstangenseite ist mit Druck beaufschlagt und die Kolbenstange des Zylinders ist eingefahren.

Bei Betätigung des Drucktasters strömt die Druckluft von 1 nach 4, die Kolbenseite ist mit Druck beaufschlagt und die Kolbenstange fährt aus. Die verdrängte Luft fließt dabei über die Anschlüsse 2 und 3 an die Umgebung. Bei Freigabe des Drucktasters schaltet das Ventil um, und die Kolbenstange fährt ein. Der Zylinder wird über den Anschluss 5 entlüftet.

Wird der Drucktaster freigegeben, so wird die Bewegungsrichtung sofort umgekehrt und die Kolbenstange fährt ein. Es ist also ein Ändern der Bewegungsrichtung möglich, ohne dass die Kolbenstange ihre Ausgangs- oder Endposition erreicht hat.

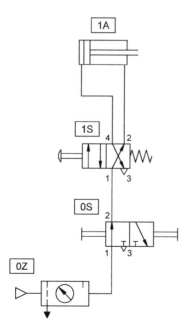

Bild 2: Schaltplan mit 4/2-Wegeventil

Übung 2: Indirektes Ansteuern eines doppeltwirkenden Zylinders

Problemstellung   Ein doppeltwirkender Zylinder soll nach Betätigen eines Drucktasters ausfahren und nach dessen Freigabe wieder einfahren. Der Zylinder hat einen Durchmesser von 250 mm und somit einen hohen Luftbedarf.

Bild 3: Schaltplan mit 5/2-Wegeventil

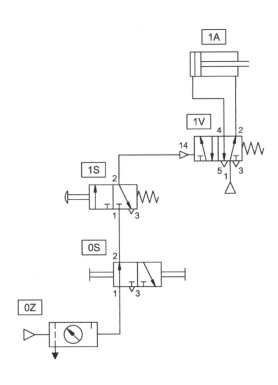

Zur Ansteuerung von Zylindern mit hohem Luftbedarf empfiehlt es sich, ein Stellelement mit höherem Durchfluss zu verwenden. Da die Betätigungskraft groß sein kann, ist eine indirekte Ansteuerung vorzuziehen.

Lösung

Bei Betätigung des Drucktasters schaltet das Ventil 1S auf Durchgang, und am Steueranschluss 14 des Ventils 1V liegt ein Signal an. Das Ventil 1V schaltet um, die Kolbenseite des Zylinders wird mit Druck beaufschlagt und die Kolbenstange des Zylinders 1A fährt aus. Bei Freigabe des Drucktasters wird der Steueranschluss 14 des Ventils 1V an die Umgebung entlüftet. Daraufhin schaltet das Ventil 1V zurück, und die Kolbenstange fährt ein.

Wird der Drucktaster freigegeben, so wird die Bewegungsrichtung sofort umgekehrt, und die Kolbenstange fährt ein. Ein Ändern der Bewegungsrichtung ist möglich, auch wenn die Kolbenstange ihre Ausgangs- oder Endposition noch nicht erreicht hat. Da das Ventil 1V nicht speichernd ist, ändert es unmittelbar nach der Betätigung des Drucktasters von Ventil 1S seine Schaltstellung.

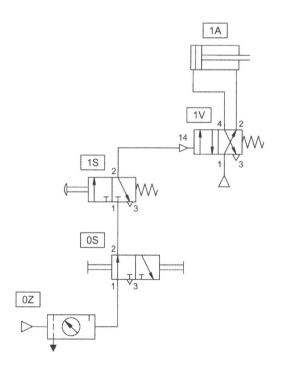

Bild 3: Schaltplan mit 4/2-Wegeventil

Übung 3: Die UND-Funktion

Problemstellung Die Kolbenstange des Zylinders 1A soll nur dann ausfahren, wenn ein Werkstück in der Werkstückaufnahme liegt, ein Schutzkorb abgesenkt ist und ein Drucktasterventil vom Bediener betätigt wird. Nach Freigabe des Drucktasterventils oder wenn der Schutzkorb nicht mehr in seiner unteren Position ist, fährt Zylinder 1A in seine Ausgangsstellung zurück.

Bild 5: Schaltplan

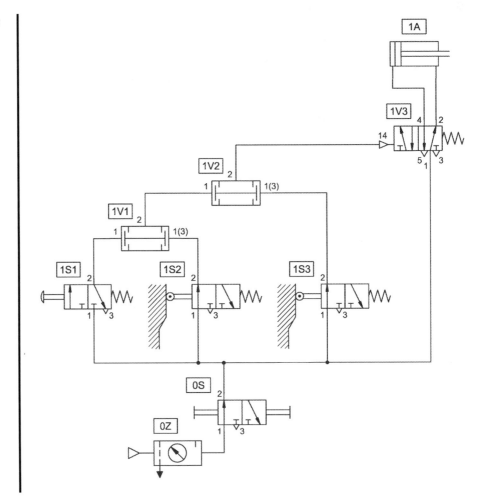

Die logische UND-Verknüpfung der Ausgangssignale der Ventile 1S1, *Lösung*
1S2 und 1S3 wird von den Zweidruckventilen 1V1 und 1V2 überprüft.

Sind die Ventile 1S2 (durch das Werkstück), 1S3 (durch den Schutzkorb) und 1S1 (durch den Bediener) betätigt, liegt am Ausgang 2 des
Zweidruckventils 1V2 ein Signal an Dieses Signal wird an den Steueranschluss 14 des Stellelements 1V3 weitergeleitet. Das Ventil 1V3
schaltet um, die Kolbenseite des Zylinders 1A wird mit Druck beaufschlagt, und die Kolbenstange fährt aus.

Ein Loslassen des Drucktasters oder ein Öffnen des Schutzkorbes führt
dazu, dass die UND-Bedingungen nicht mehr erfüllt sind. Der Steueranschluss 14 des Ventils 1V3 wird drucklos. Das Ventil 1V3 schaltet um
und die Kolbenstange fährt ein.

Übung 4: Die ODER-Funktion

Problemstellung
Ein doppeltwirkender Zylinder wird zur Entnahme von Teilen aus einem Magazin verwendet. Die Kolbenstange des Zylinders fährt bei Betätigung eines Drucktasters oder eines Pedals bis zur Endposition aus. Nach Erreichen der vorderen Endlage fährt die Kolbenstange wieder ein. Zur Ermittlung der Endposition soll ein 3/2-Wege-Rollenhebelventil eingesetzt werden.

Bild 6: Schaltplan

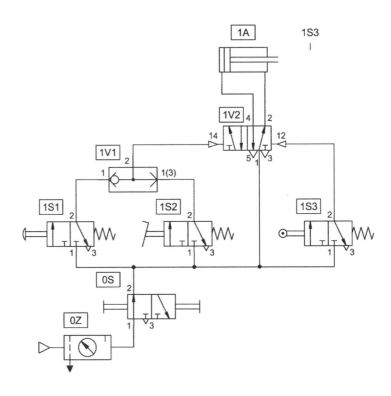

Die logische ODER-Verknüpfung der Ausgangssignale der Ventile 1S1 und 1S2 wird vom Wechselventil 1V1 überprüft.

Lösung

Bei Betätigung des Drucktasters von Ventil 1S1 oder des Pedals von Ventil 1S2 liegt am Eingang 1 oder 1(3) des Wechselventils ein Signal an. Die ODER-Bedingung ist erfüllt, und das Signal wird an den Steueranschluss 14 des Ventils 1V2 weitergeleitet. Das Ventil 1V2 schaltet um, die Kolbenseite des Zylinders 1A wird mit Druck beaufschlagt, und die Kolbenstange fährt aus.

Bei Freigabe des betätigten Ventils (Drucktaster oder Pedal) wird das Signal am Steueranschluss des Ventils 1V2 gelöscht. Da es sich beim Ventil 1V2 um ein Impulsventil (speichernd) handelt, ändert sich dessen Schaltstellung nicht. Erreicht die Kolbenstange ihre Endposition, wird der Grenztaster 1S3 betätigt. Daraufhin liegt am Steueranschluss 12 des Ventils 1V2 ein Signal an. Das Ventil 1V2 schaltet um, und die Kolbenstange fährt ein.

Ist beim Einfahrvorgang der Grenztaster 1S3 freigegeben, so kann die Bewegungsrichtung durch Betätigen des Drucktasters oder des Pedals umgekehrt werden, auch wenn die Kolbenstange noch nicht ihre Ausgangsposition erreicht hat.

Übung 5: Speicherschaltung und Geschwindigkeitssteuerung

Problemstellung Zur Entnahme von Teilen aus einem Magazin soll die Kolbenstange eines doppeltwirkenden Zylinders nach Betätigen eines Drucktasters bis zur Endposition ausfahren und danach automatisch wieder einfahren. Das Erreichen der Endposition soll durch ein Rollenhebelventil erfasst werden. Das Ausfahren der Kolbenstange soll nach Freigabe des Drucktasters nicht beendet werden. Die Kolbengeschwindigkeit soll in beide Bewegungsrichtungen einstellbar sein.

Bild 7: Schaltplan

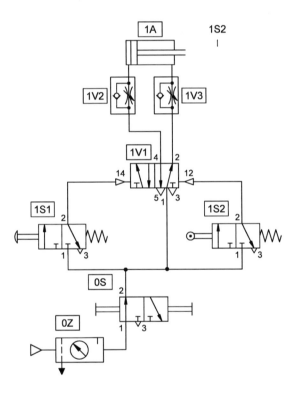

Erreicht die Kolbenstange ihre Endposition, so wird der Grenztaster 1S2 betätigt. Bleibt der Drucktaster 1S1 in diesem Zustand betätigt, so ist ein Umschalten des Ventils 1V1 nicht möglich. An beiden Steueranschlüssen 12 und 14 liegt Signal an. Das zuerst vorhandene Signal 14 dominiert. Das Signal auf Steueranschluss 12 ist wirkungslos. Die Kolbenstange bleibt in ausgefahrenem Zustand. Das Einfahren der Kolbenstange ist erst dann möglich, wenn Drucktaster 1S1 gelöst und somit Steueranschluss 14 drucklos wird.

Lösung zur Frage 1

Ist das Rollenhebelventil 1S2 in der Hubmittelstellung angebracht, so fährt die Kolbenstange nach dem Erreichen dieser Position wieder ein. Dies ist aber nur möglich, wenn der Drucktaster 1S1 bereits wieder freigegeben ist. Ist Drucktaster 1S1 zu diesem Zeitpunkt noch nicht freigegeben, überfährt die Kolbenstange den Grenztaster 1S2 und fährt bis zum Anschlag des Zylinders aus. Ein Rückhub ist nur möglich durch manuelle Betätigung des Rollenhebelventils oder mit Hilfe der Handhilfsbetätigung des Stellelementes 1V1.

Lösung zur Frage 2

In der Ausgangsstellung sind die Ventile 1S1 und 1S2 unbetätigt. Die Schaltstellung des Ventils 1V1 ist so, dass die Anschlüsse 1 und 2 und die Anschlüsse 4 und 5 jeweils miteinander verbunden sind. Dabei ist die Kolbenstangenseite des Zylinders 1A mit Druck beaufschlagt, und die Kolbenstange bleibt in eingefahrenem Zustand.

Lösung zur Frage 3

Bei Betätigen des Drucktasters 1S1 wird ein Signal an den Eingang 14 des Ventils 1V1 angelegt. Das Ventil 1V1 schaltet um, die Kolbenseite des Zylinders 1A wird mit Druck beaufschlagt, und die Kolbenstange fährt aus. Bei Erreichen der Endposition betätigt die Kolbenstange den Grenztaster 1S2, und ein Signal wird an den Steueranschluss 12 des Ventils 1V1 angelegt. Dieses schaltet um, und die Kolbenstange fährt ein.

Lösung zur Frage 4

Die Geschwindigkeit der Kolbenstange wird über die Regulierschraube an den Drosseln 1V2 und 1V3 (Abluftdrosselung) eingestellt.

Nach der jeweiligen Freigabe der Ventile 1S1 und 1S2 werden die Steueranschlüsse drucklos. Die Verwendung eines Impulsventils (Ventil 1V1 ist speichernd) sorgt dafür, dass sich die Schaltstellung nicht ändert.

Übung 6: Das Schnellentlüftungsventil

Problemstellung   Durch das gemeinsame Betätigen von einem manuell betätigten Ventil und einem Rollenhebelventil fährt der Stempel einer Abkantvorrichtung aus und kantet Flachmaterial ab. Der Stempel wird durch einen doppeltwirkenden Zylinder angetrieben. Zur Erhöhung der Ausfahrgeschwindigkeit soll ein Schnellentlüftungsventil eingesetzt werden. Die Einfahrgeschwindigkeit soll einstellbar sein. Bei Freigabe eines der beiden Ventile fährt der Stempel in seine Ausgangsposition zurück.

Bild 8: Schaltplan

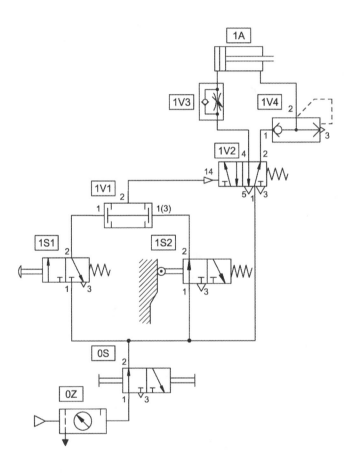

In der Ausgangsstellung betätigt das eingelegte Werkstück das Rollenhebelventil 1S2. Das Schnellentlüftungsventil 1V4 ist zur Umgebung gesperrt, die Kolbenstangenseite des Zylinders 1A ist mit Druck beaufschlagt, die Kolbenstange bleibt in eingefahrenem Zustand. *Lösung*

Bei Betätigung des Starttasters 1S1 liegt an beiden Eingängen 1 und 1(3) des Zweidruckventils 1V1 ein Signal an. Die UND-Bedingung ist erfüllt, und das Signal wird an den Steueranschluss 14 des Stellelements 1V2 weitergeleitet. Das Ventil 1V2 schaltet um, die Kolbenseite des Zylinders 1A wird mit Druck beaufschlagt, und die Kolbenstange fährt aus. Durch das Umschalten des Ventils 1V2 wird der Eingang 1 des Schnellentlüftungsventils 1V4 drucklos. Die während des Ausfahrvorgangs auf der Kolbenstangenseite des Zylinders verdrängte Luft öffnet das Schnellentlüftungsventil und strömt über den Ausgang 3 direkt an die Umgebung. Der Strömungswiderstand, den das Ventil 1V2 und die Leitungen der verdrängten Luft entgegenbringen, entfällt. Somit kann die Kolbenstange schneller ausfahren.

Wird eines der beiden Ventile 1S1 oder 1S2 freigegeben, ist die UND-Bedingung am Zweidruckventil 1V1 nicht mehr erfüllt. Das Stellelement 1V2 schaltet um, das Schnellentlüftungsventil 1V4 schließt und die Kolbenstange fährt ein.

Die Einfahrgeschwindigkeit wird an der Drossel des Drosselrückschlagventils 1V3 eingestellt.

258

Lösungen

Übung 7: Druckabhängige Steuerung: Prägen von Werkstücken

Problemstellung   Ein Werkstück wird mit einem Prägestempel, der von einem doppeltwirkenden Zylinder angetrieben wird, geprägt. Nach dem Erreichen eines voreingestellten Druckwerts soll der Prägestempel automatisch einfahren. Das Erreichen der Prägeposition soll von einem Rollenhebelventil erfasst werden. Das Signal zum Einfahren darf nur dann erfolgen, wenn die Kolbenstange die Prägeposition erreicht hat. Der Druck im Kolbenraum wird durch einen Manometer angezeigt.

Bild 9: Schaltplan

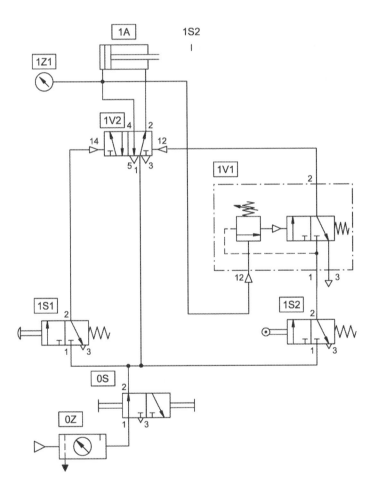

In Ausgangsstellung sind die Ventile 1S1 und 1S2 unbetätigt, die Kolbenstangenseite des Zylinders 1A ist mit Druck beaufschlagt und die Kolbenstange bleibt in eingefahrenem Zustand. Wenn notwendig, muss die Schaltung mit Hilfe der Handhilfsbetätigung des Stellelements 1V2 in ihre Ausgangsstellung gesetzt werden. Bei Betätigung des Drucktasters 1S1 liegt ein Signal am Steueranschluss 14 des Stellelements 1V2 an. Das Ventil 1V2 schaltet um, die Kolbenseite des Zylinders 1A wird mit Druck beaufschlagt, und die Kolbenstange fährt aus. Wird der Drucktaster 1S1 freigegeben, so ändert sich die Schaltstellung des Impulsventils 1V2 aufgrund seiner speichernden Eigenschaft nicht.

Lösung

Kurz vor Erreichen der vorderen Endlage (Prägeposition) wird der Grenztaster 1S2 betätigt. Das betätigte Rollenhebelventil 1S2 gibt die Druckleitung 1 zum Druckschaltventil 1V1 frei. Während des Prägevorgangs beginnt der Druck auf der Kolbenseite anzusteigen. Der Zeiger des Manometers dreht sich nach rechts. Erreicht dieser Druck den am Steueranschluss 12 des Druckschaltventils eingestellten Wert, schaltet das 3/2-Wegeventil des Druckschaltventils. Das Stellelement 1V2 schaltet um, und die Kolbenstange fährt ein. Während des Einfahrvorgangs wird der Grenztaster 1S2 freigegeben, und das Signal am Steueranschluss 12 des Ventils 1V2 gelöscht. Zusätzlich schaltet das Druckschaltventil zurück.

Übung 8: Das Zeitverzögerungsventil

Problemstellung Ein doppeltwirkender Zylinder wird zum Pressen und Kleben von Bautei-len eingesetzt. Durch Betätigen eines Drucktasters fährt die Kolben-stange des Presszylinders abluftgedrosselt aus. Ist die Pressposition erreicht, so soll die Presskraft für einen Zeitraum von $t_1 = 6$ Sekunden aufrecht erhalten werden. Nach Ablauf dieser Zeit fährt die Kolbenstan-ge automatisch in ihre Ausgangsstellung zurück. Ein erneuter Start ist nur dann möglich, wenn sich die Kolbenstange in ihrer Ausgangspositi-on befindet und eine Zeit von $t_2 = 5$ Sekunden verstrichen ist. Diese Zeit wird zum Entfernen des gefertigten Teils und zum Einlegen neuer Bau-teile benötigt. Die Einfahrgeschwindigkeit soll schnell, jedoch einstellbar sein.

Bild 10: Schaltplan

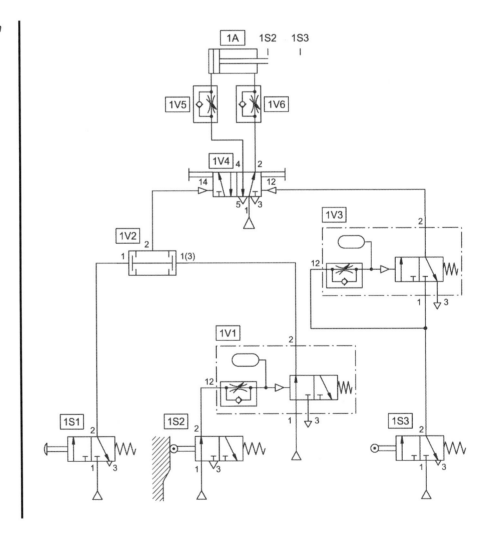

In Ausgangsstellung ist das Rollenhebelventil 1S2 von der Kolbenstange   *Lösung*
betätigt und das Zeitverzögerungsventil 1V1 ist durchgeschaltet, d. h.
der Arbeitsanschluss 2 liefert Signal. Die Kolbenstangenseite des Zylinders 1A ist mit Druck beaufschlagt, und die Kolbenstange bleibt in eingefahrenem Zustand. Als Startbedingung muss gelten:

- Rollenhebelventil 1S2 betätigt

- Zeitverzögerungsventil 1V1 durchgeschaltet

- Starttaster betätigt

Ist das Rollenhebelventil 1S2 ausreichend lange (t_1 = 5 Sekunden) betätigt, so ist der Luftbehälter des Zeitverzögerungsventils 1V1 gefüllt, das
zugehörige 3/2-Wegeventil ist geschaltet, worauf am Eingang 1(3) des
Zweidruckventils 1V2 ein Signal anliegt.

Bei Betätigen des Drucktasters 1S1 ist die UND-Bedingung am Zweidruckventil erfüllt. Am Steueranschluss 14 des Stellelements 1V4 liegt
ein Signal an. Das Ventil 1V4 schaltet, die Kolbenseite des Zylinders 1A
wird mit Druck beaufschlagt, und die Kolbenstange fährt aus. Nach kur-
zem Ausfahrweg wird der Grenztaster 1S2 freigegeben, der Luftbehälter
des Zeitverzögerungsventils 1V1 baut seinen Druck über das Rollenhebelventil 1S2 ab, und das integrierte 3/2-Wegeventil schaltet in seine
Ausgangsstellung zurück. Die UND-Bedingung am Zweidruckventil ist
nun nicht mehr erfüllt. Eine Betätigung des Drucktasters 1S1 bleibt wirkungslos.

Bei Erreichen der Ausfahrposition betätigt die Kolbenstange das Rollenhebelventil 1S3. Die Druckleitung zum Zeitverzögerungsventil 1V3 ist
nun freigegeben, und der Druck im Luftbehälter steigt an. Die Geschwindigkeit des Druckanstiegs ist über die integrierte Drossel einstellbar. Ist der Schaltdruck erreicht, schaltet das integrierte 3/2-Wegeventil,
und am Steueranschluss 12 des Stellgliedes 1V4 liegt ein Signal an.
Das Ventil 1V4 schaltet um, und die Kolbenstange fährt ein. Nach Freigabe des Grenztasters 1S3 schaltet das Zeitverzögerungsventil 1V3 in
seinen Ausgangszustand zurück.

Erreicht die Kolbenstange ihre Ausgangsposition, so wird der Grenztaster 1S2 betätigt. Der Druck im Luftbehälter des Zeitverzögerungsventils
1V1 beginnt anzusteigen, bis nach t_2 = 5 Sekunden der Schaltdruck
erreicht ist. Das integrierte 3/2-Wegeventil schaltet um. Der Ausgangszustand des Systems ist nun wieder erreicht, und ein neuer Zyklus kann
gestartet werden.

Die Geschwindigkeit der Kolbenstange wird an den Drosseln der Drosselrückschlagventile 1V5 und 1V6 (Abluftdrosselung) eingestellt.

262

Normen und Literaturverzeichnis

264

Normen	DIN/EN 292-1	Sicherheit von Maschinen; Grundbegriffe, allgemeine Gestaltungsleitsätze, Teil 1: Grundsätzliche Terminologie, Methodik
	DIN/EN 292-2	Sicherheit von Maschinen; Grundbegriffe, allgemeine Gestaltungsleitsätze, Teil 2: Technische Leitsätze und Spezifikationen
	DIN/EN 418	Sicherheit von Maschinen; NOT-AUS-Einrichtungen, funktionelle Aspekte
	DIN/EN 983	Sicherheitstechnische Anforderungen an fluidtechnische Anlagen und deren Bauteile; Pneumatik
	DIN/ISO 1219-1	Fluidtechnik; Graphische Symbole und Schaltpläne, Teil 1 und Teil 2
	ISO/DIS 11727	Pneumatic fluid power – Identification of ports and control mechanisms of control valves and other components (Anschlussbezeichnungen für Pneumatikgeräte)
	DIN 1343	Referenzzustand, Normzustand, Normvolumen, Begriffe und Werte
	DIN 24558	Pneumatische Anlagen, Ausführungsgrundlagen
	DIN 40719	Schaltungsunterlagen (IEC 848 modifiziert); Teil 6: Regeln für Funktionsplän
	DIN/EN 60073	Codierung von Anzeigegeräten und Bedienteilen (VDE 0199) durch Farben und ergänzende Mittel
	DIN/EN 60617-8	Graphische Symbole für Schaltpläne (IEC 617-8) Teil 8: Schaltzeichen für Mess-, Melde- und Signaleinrichtungen

Eberhardt, H.-J., Scholz, D. Servopneumatisch positionieren, Arbeits-   *Literatur*
                             buch
                             Festo Didactic, Esslingen 2000

Gerhartz, J., Scholz, D.   Regelpneumatik, Arbeitsbuch
                             Festo Didactic, Esslingen 2001

Gevatter, H.-J.   Automatisierungstechnik 2, Geräte
                             Springer Verlag, Berlin Heidelberg 2000

Prede, G., Scholz, D.   Elektropneumatik, Grundstufe
                             Springer Verlag, Berlin Heidelberg 2001

Stoll, K.:   Pneumatische Steuerungen
                             Vogel Verlag, Würzburg 1999

Stoll, K.:   Pneumatik Anwendungen
                             Vogel Verlag, Würzburg 1999

Stichwortverzeichnis

Begriff	**Seite**

Begriff	Seite	
Lageplan	231	*L*
Lamellenmotoren	177	
Längsschieberventil	180, 197	
Lebenszyklus eines pneumatischen Systems	63	
Leerlaufregelung	133	
Leerrücklauf	192	
Leistungsmerkmale von Zylindern	12, 170	
Leuchtmelder	178	
Linearantriebe	49	
Luft, Eigenschaften der	126	
- , Zusammensetzung der	124	
Luftfilter	27, 145	
Luftmotor	176	
Lufttrockner	136	
Luftverbrauch, von Zylindern	174	
Luftverteilungssystem	25, 141	
- , Abzweigungen im	25, 144	
- , Ringleitung	25, 143	
Medien, Arbeits-	17, 225	*M*
- , Steuer-	17, 226	
Mehrstellungszylinder	241	
Membranverdichter	131	
Merkmale der Pneumatik	15	
Montieren von Rollenhebelventilen	190	
Motoren	176	
- , Kolben-	176	
- , Lamellen-	177	
- , Turbinen-	177	
- , Zahnrad-	177	
Nenndurchfluss	201	*N*
Normen	40	
NOT-AUS	51	
Öler	27, 149	*O*
Ölnebel	53	
Ölniederschlag	151	
Öler-Wartung	151	
Optimale Druckbereiche	131	

Physikalische Größen	l	Länge	m
und Einheiten	m	Masse	kg
	t	Zeit	s
	T	Temperatur	K
	F	Kraft	N
	A	Fläche	m^2
	V	Volumen	m^3
	q_V	Volumenstrom	m^3/s
	p	Druck	Pa (bar)
	A	Kolbenfläche	m^2
	A'	Kolbenringfläche	m^2
	d	Kolbenstangendurchmesser	m
	D	Zylinderdurchmesser	m
	F_{eff}	effektive Kolbenkraft	N
	F_F	Kraft der Rückholfeder	N
	F_R	Reibungskraft	N
	F_{th}	theoretische Kolbenkraft	N
	n	Hubzahl pro Minute	1/min
	p_{abs}	Absolutdruck	Pa (bar)
	p_{amb}	Umgebungsdruck	Pa (bar)
	p_e	Über- oder Unterdruck	Pa (bar)
	Δp	Druckdifferenz	Pa (bar)
	q_B	Luftverbrauch	l/min
	q_H	Luftverbrauch pro cm Hub	l/cm
	q_L	Liefermenge	m^3/min
	q_n	Nenndurchfluss	l/min
	s	Hublänge	cm
	t	Celsiustemperatur	°C
	V_B	Behältergröße	m^3
	z	Schaltspiele pro Stunde	1/h
	T_n	Normtemperatur	$T_n = 273{,}15$ K, $t_n = 0$ °C
	p_n	Normdruck	$p_n = 101325$ Pa

Druck und Bindung: Strauss GmbH, Mörlenbach

Printed in the United States
by Baker & Taylor Publisher Services